尾矿库混合式筑坝
坝体稳定性研究

Study on the Stability of Tailings Dam Constructed by
Both Upstream and Centerline Methods

陈宇龙　陈见行　张洪伟　魏作安　著

北 京
冶 金 工 业 出 版 社
2021

内 容 简 介

大红山龙都尾矿库是我国典型的采用混合式堆坝的大型尾矿库。本书以大红山龙都尾矿库为研究对象，在对入库尾矿的物理力学性质进行了试验测试基础上，采用理论分析和数值模拟等综合性研究方法、对该尾矿库的稳定性进行了分析与预测，研究成果可为该尾矿库的设计、施工及生产管理提供技术支撑，并可为类似尾矿库的设计和安全运行所借鉴。

本书可供采矿工程、矿山安全技术与工程、岩土工程、尾矿与尾矿库工程等相关领域的科研人员参考使用。

图书在版编目（CIP）数据

尾矿库混合式筑坝坝体稳定性研究/陈宇龙等著 . —北京：冶金工业出版社，2021. 1
ISBN 978-7-5024-8685-3

Ⅰ . ①尾…　Ⅱ . ①陈…　Ⅲ . ①尾矿坝—筑坝—稳定性—研究　Ⅳ . ①TD926. 4

中国版本图书馆 CIP 数据核字（2021）第 022675 号

出 版 人　苏长永
地　　址　北京市东城区嵩祝院北巷 39 号　邮编　100009　电话　(010)64027926
网　　址　www.cnmip.com.cn　电子信箱　yjcbs@ cnmip. com. cn
责任编辑　王　双　美术编辑　郑小利　版式设计　禹　蕊
责任校对　石　静　责任印制　李玉山
ISBN 978-7-5024-8685-3

冶金工业出版社出版发行；各地新华书店经销；三河市双峰印刷装订有限公司印刷
2021 年 1 月第 1 版，2021 年 1 月第 1 次印刷
169mm×239mm；7.75 印张；148 千字；112 页
52. 00 元

冶金工业出版社　投稿电话　(010)64027932　投稿信箱　tougao@cnmip. com. cn
冶金工业出版社营销中心　电话　(010)64044283　传真　(010)64027893
冶金工业出版社天猫旗舰店　yjgycbs. tmall. com
（本书如有印装质量问题，本社营销中心负责退换）

前　言

<<<<<<<<<<<<<<<<<<<<<<<<<<<<<<<<<<<<<<<<<<<<<<<<

　　尾矿库是指筑坝拦截谷口或围地构成的用以堆存金属非金属矿山进行矿石选别后排出尾矿的场所，其投资较大，一般占矿山建设总投资的 5%~10%，是维持矿山正常生产的必要设施，但也是矿山的重大危险源，一旦发生尾矿坝溃坝事故，将造成重大的人员伤亡、财产损失和环境污染，给当地的经济发展和社会稳定也带来严重的负面影响。美国克拉克大学公害评定小组的研究表明，在世界 93 种事故、公害的隐患中，尾矿库事故的危害名列第 18 位。它仅次于核武器爆炸、DDT、神经毒气、核辐射以及其他 13 种灾害，而比航空失事、火灾等其他 60 种灾害严重，直接引起百人以上死亡的事故时有发生。

　　我国是一个矿业大国，每年选矿产生的尾矿约 3 亿吨，除一小部分用于矿山充填或综合利用外，绝大部分要堆存于尾矿库，需占地约 20km^2。据统计，我国目前有尾矿库 12000 余座，随着矿业生产的快速增长，尾矿坝数量和尾矿堆积坝高度也必然会增长和增高。

　　我国尾矿库数量多、规模小、安全度水平低，由于企业关闭破产、企业改制和企业经济效益差等原因，尾矿库安全隐患治理问题一直没有得到有效解决，一大批危库、险库和危险性较大的病库时刻面临着溃坝的风险，服役到期需要闭库、因隐患未治理而无法闭库或已经闭库但隐患仍然存在的尾矿库大量存在，较多中小尾矿库未经过正规设计，并且绝大多数尾矿库下游为生活区、工矿企业或重要城镇等，历史上曾发生过多起重特大事故，给社会稳定、人民生命财产及环境安全带来重大损失。

　　因此，为了及时消除尾矿库事故隐患，减少和防止尾矿库事故的发生，确保尾矿库的安全运行，使之更好地为矿山安全生产服务，为国民经济健康持续快速发展服务，国家安全生产监督管理总局在过去已有的尾矿库设施规程规范的基础上，于 2006 年专门颁布了《尾矿库安全监督管理规定》等文件，以督促全国矿山尾矿库的建设与管理。依据《国家中长期科学和技术发展规划纲要（2006—2020 年)》，国家科学技术部在"十一五"国家科技支撑计划重点项目中，已将"非煤矿山尾矿库溃坝"列为"公共安全"重点领域的重要研究内容之一。在《国家安全生产"十二五"规划》中，提出了针对"地下开采矿山、露天矿山、尾矿库等开展专项整治"。

由于我国很多尾矿库已经达到或接近其设计服务年限，为实现矿山企业可持续发展，需要改扩建或新建尾矿库。对于改扩建的尾矿库，如果在原尾矿库的基础上继续采用上游法筑坝工艺，则尾矿库的库容量是非常有限的。而新建尾矿库则涉及征地、搬迁、新建排回水系统等各种问题，且投资都很大。为此，矿山企业迫切需要有新的堆坝工艺，以实现通过增加堆积坝高度来扩大库容量，减少尾矿库的建设数量。随着经济和社会的发展，人们对生存环境的要求越来越高。因此，如何保证高堆坝尾矿库的安全稳定性就成了亟待解决的问题。

大红山龙都尾矿库是我国典型的采用混合式堆坝的大型尾矿库。本书以大红山龙都尾矿库为研究对象，在对入库尾矿的物理力学性质进行了试验测试基础上，采用理论分析和数值模拟等综合性研究方法，对该尾矿库的稳定性进行了分析与预测，研究成果可为该尾矿库的设计、施工及生产管理提供技术支撑，并可为类似尾矿库的设计和安全运行所借鉴。

本书共 10 章，第 1 章简要地介绍了国内外有关尾矿物理力学特性及其堆积坝稳定性的研究现状，以及本书所研究的主要内容、研究方法和技术线路；第 2 章主要介绍了尾矿的来源，总结了尾矿材料的分类及其物理力学性质，归纳了尾矿地面堆存的基本类型，尾矿坝的常用筑坝方式及其特点，总结了国内外尾矿库灾害事故的类型与发生的原因；第 3 章对大红山龙都尾矿库的总体设计概况和运行现状做了较详细的介绍，并对混合式堆坝工艺进行了阐述，分析了龙都尾矿库实施混合式堆坝的必要性；第 4 章系统地介绍了尾矿的颗粒组成、库内沉积规律及物理力学特性，包括细粒尾矿的颗粒组成与级配、库内的沉积规律，以及细粒尾矿的工程性质和动力特性等；第 5 章分析了中值粒径、含水量和干密度三种因素对非饱和尾矿抗剪强度的影响；第 6 章分析了大红山龙都尾矿库在两种堆坝方式下的坝体地下渗流场的分布规律；第 7 章分析了单一上游法堆积尾矿与混合式堆积尾矿坝的坝体地应力场的分布规律；第 8 章分析了大红山龙都尾矿库单一上游法堆坝与混合式堆坝、坝体在不同工况下的稳定性；第 9 章系统地介绍了有关尾矿坝安全评价与管理方面的知识，分析描述了目前我国尾矿库的安全现状和造成溃坝事故的主要原因及溃决路径，并提出改进具体建议；第 10 章对研究成果和存在的问题进行总结，以便将来为后续的研究提供参考。

　　本书得到了北京市自然科学基金（项目号：8204068）和中央高校基本科研业务费专项资金（项目号：2020XJNY03）的资助，以及西南石油大学张千贵老师的帮助。在此，表示衷心感谢！

　　由于作者水平有限，书中难免有不妥之处，敬请读者批评指正。

作　者

2020 年 7 月

目　录

1 绪　　论

1.1　概述

矿业开发是人类生存和社会发展中一个非常重要的组成部分。世界上90%的工业品和17%的消费品是用矿物原料生产的。目前，我国95%的能源和80%的原材料依赖于矿产资源。在矿业开发活动中，人们在获得有价值的矿产品的同时也产生了大量的废渣，而这些废渣就是尾矿。大部分尾矿以浆状形式排出，储存在尾矿库内（见图1.1）。尾矿库是一种特殊的工业建筑物，是矿山三大控制性质工程之一[1]。它的运营好坏，不仅影响到一个矿山企业的经济效益，而且与库区下游居民的生命财产安全问题及周边环境息息相关[2]。尾矿库一旦失事，将会造成十分严重的后果。例如，2008年震惊国内外的山西襄汾尾矿库溃坝事故，据不完全统计死亡人数高达277人；1986年4月30日凌晨溃决的黄梅山尾矿库，库容量84万立方米，形成7~8m高度的泥沙流涌向下游，冲毁了工厂、村庄、农田，给国家和人民的生命财产造成了重大损失；2000年10月18日坍塌的广西南丹尾矿库，存入的尾矿砂约2万立方米，事故时约有4000m³的尾砂下泄，冲出距离达500m，覆盖面积约1.5万平方米[3]。而最近几年，我国尾矿库垮塌事故呈明显上升趋势，2005年发生了9起，2006年发生了12起，2007年发生了13起，这些尾矿库垮塌事故给当地带来了重大人员伤亡和财产损失。为此国家安全生产监督管理总局、国家发展和改革委员会、自然资源部及生态环境部专门联合部署开展尾矿库专项整治行动并颁布了《关于印发开展尾矿库专项整治行动工作方案的通知》。

图1.1　贮存尾矿的尾矿库

我国是一个矿业大国，每年因选矿产生的尾矿约 3.0 亿吨，除一部分作为井下充填或综合利用外，其余部分要堆存在尾矿库内。据资料显示，2008 年底我国尾矿库 12655 座，其中，已颁发安全生产许可证 5199 座，正在申请办理 1746 座，在建 1907 座，已闭库 1950 座，应停用 1853 座。在 12655 座尾矿库中，有危库 613 座，险库 1265 座，病库 3032 座，正常库 7745 座。尾矿坝是尾矿库的重要组成部分，目前，尾矿坝的最大设计坝高为 260m，冶金矿山坝高超过 100m 的尾矿库有 26 座，库容大于 $1.0×10^8 m^3$ 的有 10 座[4]。我国无论是尾矿库的数量、库容，还是坝高在世界上都是罕见的。

随着我国环境保护力度的加大，征地费用的不断上涨，以及矿区周边适合建设尾矿库的场所越来越少等因素的影响，一些矿山企业在选择是否新建设尾矿库方面遇到了前所未有的难题。为了保障矿山可持续发展，避免因无处排放尾矿而遭停产，不得不考虑针对正在使用的尾矿库上加高扩容。像凉山矿业股份有限公司的拉拉铜矿，考虑正在使用且即将到期的新厂沟尾矿库在原设计的基础上加高 15m。还有大红山铜矿也是如此，在原尾矿库的基础上实施加高扩容。这样尾矿坝的设计高度越堆越高，库容量越来越大，尾矿库的风险也随之增大，一旦发生事故，则后果十分严重。同时，采用单一上游式筑坝，很难满足高堆坝的要求，即使达到了要求，尾矿坝的稳定性也可能存在问题。因此，在高尾矿坝的设计中，大红山尾矿库采用混合式筑坝方法来解决这个问题，即先是采用上游法筑坝，达到一定高度后再采用中线法筑坝。经定性分析，混合方式筑坝既吸收了上游法筑坝的优点、又吸纳了中线法筑坝的优点，有利高坝的稳定。

那么，采用混合方式筑坝后，尾矿坝的稳定性到底如何？与单一上游式筑坝相比有哪些优势？这些对未来高堆坝尾矿库的发展及其安全管理非常重要。为此，本书以大红山龙都尾矿库混合方式高堆尾矿坝为研究对象，采用室内试验、理论分析和数值模拟等相结合的综合性的研究方法，针对混合方式高堆尾矿坝的稳定性进行分析与探讨，揭示混合式高堆尾矿坝的稳定性特点及其影响因素，研究成果不仅可为该尾矿库的设计、施工及生产管理提供技术支撑，而且可为未来高堆坝尾矿库的发展所利用。

1.2　国内外研究现状

尾矿库是矿山企业的重要生产设施和特殊构筑物，也是矿山重大危险源。我国政府和矿山企业一直高度重视尾矿库工程的建设，并投入大量人力、物力和财力用于尾矿库工程安全技术方面的研究。许多科技人员也进行了很多研究，并取得了一些可喜的成果。

1.2.1　尾矿的物理力学性质研究

尾矿的物理力学性质是尾矿坝稳定性分析和尾矿库设计与生产安全管理的基

础资料。尾矿的物理性质包括孔隙比 e、土的重度 γ、天然含水量 ω、液限 ω_l、塑限 ω_P、塑性指数 I_P、干密度 ρ_d 等；尾矿的工程力学性质包括变形特性、抗剪强度、渗透性等[5,6]。国内外一些科技人员采用不同方法、就不同尾矿的物理力学特性开展了广泛研究。

保华富等人[7]以云南省兰坪铅锌矿尾矿为研究对象，通过室内实验获得了尾矿料自然堆积稳定后的干密度和含水量大小与其所处的排水条件、尾矿浓度和颗粒级配等因素关系密切，而且认为采用西田建议的经验公式计算尾矿料渗透系数比较好。王崇淦等人[8]对广东省大宝山槽对坑尾矿库内的尾矿进行了物理力学特性试验研究，获得了 $e-p$ 曲线以及尾粉砂内摩擦角和孔隙比的关系。

徐进等人[9]对湖北黄石金山店铁矿锡冶山尾矿坝中的尾粉砂、尾粉土、尾粉黏土进行了试验测试，认为尾矿的内摩擦角与平均粒径的呈正相关性。阮元成等人[10]对饱和尾矿砂和尾矿泥的静、动强度特性进行了一系列试验研究，结果表明，尾矿与天然少黏性砂土不同，尾矿在循环加荷条件下动强度低，动剪应力比变化范围小，容易发生液化和破坏。而且，当尾矿料的密度小于某一临界值时，在静力条件下也会发生流滑而进入破坏状态。辛鸿博等人[11]采用日本产的 SUM-1 型应力控制式动三轴仪对大石河尾黏土的动力不排水特性进行了试验研究，包括振后应力-应变关系和残余强度特征。谢孔金等人[12]利用 DTC-158 型共振柱仪针对尾矿库内沉积滩上的尾矿的动力特性进行了研究。陈敬松等人[13]采用北京市新技术应用研究所生产的 DDS-70 型微机控制电磁式振动三轴试验仪，对饱和尾矿进行了动三轴液化试验，研究了尾矿在循环加荷条件下的动强度特性，并针对影响尾矿砂动强度的几种因素进行了分析和讨论。

1.2.2 尾矿坝堆坝方法和工艺

尾矿堆积坝是由尾矿堆积而成的构筑物，它是尾矿库中最主要的组成部分。按照尾矿的堆积方式的不同，可分为上游法、中线法、下游法、高浓度尾矿堆积法和水库式尾矿堆积法（尾矿库挡水坝）等[14]。

矿山最早采用冲积式上游式堆筑尾矿坝，后来随着选矿厂技术的改进，矿石成分的改变，许多矿山选厂排放的尾矿中不同程度出现了细粒尾矿，因此在原冲积式上游式的基础发展了几种方法，如池填法和渠槽法。随着矿山规模的扩大，采选生产能力不断提高，尾矿的综合利用（井下充填），以及旋流设备和土工合成材料的出现，相继开发了水力旋流器分级筑坝法和加筋梯田法等，以解决矿山细粒尾矿堆坝的问题。

尾矿坝堆筑方式的选择，主要是根据尾矿排放量大小、尾矿颗粒组成、矿浆浓度、坝长、坝高、年上升速度以及当地气候条件和经济成本等因素来决定[15]。

1.2.3　尾矿坝稳定性的研究方法

1.2.3.1　物理模型试验研究

尾矿堆积坝体的结构组成信息是进行尾矿坝稳定性分析的基础。对于已经使用的尾矿库一般通过现场工程地质勘探来揭示尾矿坝的结构组成、尾矿的沉积及分布规律等。但对设计规划中的新尾矿库，过去一般是采用工程类比法。由于影响尾矿材料的因素很多，而且不同筑坝方式对坝体的结构影响非常大，因此工程类比法的准确性和可靠性较差。近年来，随着物理模型试验的兴起，该项研究手段也慢慢用于尾矿库工程领域。

物理模型试验是指按照事物原型，用不同比尺（包括缩小、放大及等尺寸）构建模型，对工程问题或现象进行研究的一种重要的科学方法[16]。因其可以再现原型的各种现象与问题，可人为控制试验条件与参量，可简化试验、缩短研究周期以及促使人们能从物理角度理解现象、解决和解释问题等，而备受各学科研究人员的青睐。尤其在许多工程领域中，常常需要将原型缩小、构建物理模型去揭示和分析现象的本质和机理，以验证理论和解决工程实际问题。

尹光志等人[17]以大红山龙都尾矿库的设计资料为依据，按照一定的比尺堆积坝体模型，进行细粒尾矿堆积坝稳定性模型试验研究，并通过试验验证了坝体加筋加固的作用效果，获得了加筋坝体与未加筋坝体的破坏模式，为细粒尾矿堆积坝的稳定性研究及加固作了一些新的探索。李惠谦[18]通过堆坝模型试验，对新建的小打鹅尾矿库的坝体稳定性进行了分析。Yin 等人[19]介绍了玉溪矿业公司铜厂铜矿新建尾矿库堆坝模型的试验研究及其结果，为该尾矿库的设计提供技术支撑，同时也为国外同行了解我国尾矿库的现状及其研究水平提供了参考。

1.2.3.2　尾矿坝的稳定性计算与评价方法

目前，尾矿库稳定性的分析方法总体上分为极限平衡分析方法和数值分析方法两大类，其中极限平衡分析方法在工程实践中使用最多，而数值分析方法则仅仅应用于理论上的探讨与分析。

A　极限平衡法

极限平衡分析方法是经典的定量分析方法，它是通过分析在临近破坏状况下，岩土体外力与内部所提供抗力之间的静力平衡，根据莫尔（O. Mohr）-库仑（C. Coulomb）强度准则计算出岩土体在自身和外荷载作用下的边坡稳定性的一种定量方法，其通常以稳定系数来表达工程的稳定程度[20,21]。其基本特点是只考虑静力平衡条件和土的摩尔库仑破坏准则，也就是说通过分析土体在破坏那一时刻的力的平衡来求得问题的解。由于大多数情况下问题是静不定的，在极限平衡方法中，引入一些简化假定使问题变得静定可解，这种处理使该方法的严密性受到了损害但是对计算结果的精度影响并不大，由此而带来的好处是使分析计算工作大为简化。由于该方法具有模型简单、计算公式简捷、可以解决各种复杂剖面形状和能考虑各种加载形式等的优点，因而在工程中获得了广泛应用。目前，极限平衡分析方法有多种形式，如：Fellenius 法、Bishop 法、Jaubu 法、Morgenstern Prince 法、Spencer 法、不平衡推力法和 Sarma 法等。

在尾矿坝的稳定性分析中，一般较多地采用瑞典法和 Bishop 法。张电吉等人[22]曾经利用简布（N. Janbu）法对一个垮塌后重建的尾矿坝的稳定性进行了分析计算，为该尾矿库的重建提供了依据。目前，极限平衡法作为一种简单实用的计算方法，已被广大科技工作者所应用[23,24]。

B 数值分析法

数值分析法已成为尾矿坝稳定性分析与研究较为普遍的方法。目前，常用于尾矿坝稳定性分析的数值方法有：有限单元法（FEM）、离散单元法（DEM）和快速拉格朗日分析法（FLAC）等。随着数值计算方法的发展，不连续变形分析法（DDA）、无单元法、边界元法（BEM）、无界元（IDEM）、流形元法、遗传进化算法及人工神经网络评价法等也在尾矿库（坝）的稳定性分析中得到应用。

有限元法是目前已广泛应用于岩土工程与结构分析中的方法。该法是把一个实际的结构物或连续体用一种由多个彼此相联系的单元体所组成的近似等价物理模型来代替，通过结构及连续介质力学的基本原理及单元的物理特性，建立起表征力和位移关系的方程组，解方程组求其基本未知物理量，并由此求得各单元的应力、应变以及其他辅助量值。楼建东等人[25]利用有限元法，以一座将要加高扩容的尾矿库为研究对象，模拟计算了加高后的尾矿坝体应力、应变分布与变化规律，并确定了潜在的危险滑动面。尹光志等人[26]利用 2D-FLOW 有限元软件对尾矿坝的渗流场进行了分析，获得了不同状况下细粒尾矿堆积坝渗流场的分布规律。柳厚祥等人[27]研究了变分法在尾矿坝稳定性分析中的应用，并利用开发的二维变分分析程序对不同工况下、尾矿坝的稳定性进行了分析，且与极限平衡分析法进行了对比，结果表明两者结果比较接近，采用对数螺旋滑动面进行变分分析更合乎实际。

C 其他分析方法

随着相关理论的发展，在尾矿库（坝）稳定性分析方面的理论和计算方法也得到了很大的发展与改进。张超等人[28]以极限平衡理论为基础，将可靠度理论引入尾矿坝稳定性分析中。李国政等人[29]运用极限平衡法对广东大顶矿业股份有限公司的尾矿库坝体堆积至 510~520m 标高时的稳定性进行了分析，并就计算结果的可靠度进行了评判。

随着土工合成材料在尾矿坝方面的应用，王凤江[30]运用极限平衡法，对土工织物加筋尾矿砂组成的坝体的稳定性和加筋效果进行了计算。谢振华等人[31]建立了尾矿坝监测数据分析的 RBF 神经网络模型，并利用实测数据对此网络进行了训练和检验。王进学等人[32]基于神经网络特性，探讨了用于预测尾矿库沉积滩上尾矿颗粒沉积规律神经网络的设计，并将其用于某尾矿库沉积滩面上、尾矿沉积规律的预测。

1.3 研究目的、内容和技术路线

1.3.1 研究目的

如何安全高效利用已有尾矿库堆存更多的尾矿、保障矿山平安持续发展，已成为我国矿山当前亟待解决的难题。本书以正在使用的玉溪矿业公司所属的大红山龙都尾矿库为工程背景，就该尾矿库初步设计中提出的采用混合方式筑坝，实施加高库容方案的可行性进行分析，为该尾矿库下一阶段加高库容的施工图设计提供依据，从工程质量控制角度考虑，做到事前控制，也为国内矿山充分利用现役尾矿库堆存更多的尾矿、节省投资、减少占地、保护环境等提供借鉴，同时也能探索一些新的尾矿筑坝方法。

1.3.2 研究内容

本书以大红山铜矿、铁矿采用混合式堆坝方法加高扩容龙都尾矿库为工程背景，从工程安全的角度，采用室内实验、理论分析和数值模拟的综合性方法，针对大红山龙都尾矿库实施混合式筑坝加高坝体后的稳定性进行计算与分析。同时，与单一方式下的库容增加量进行对比，探讨混合方法的可行性。本书可为矿山企业在尾矿库设计、安全生产管理方面的决策提供可靠的技术支撑，主要研究内容有：

（1）针对现有尾矿材料的分类及其物理力学性质，尾矿库的堆坝工艺与方法等方面的研究成果进行综述与分析。

（2）通过土工试验，对排放到大红山龙都尾矿库内的尾矿以及用于堆坝的尾矿的物理力学性质进行试验测试，包括尾矿粒径、干密度等物理量，以及力学指标。并就影响尾矿抗剪强度的因素进行探讨；为混合式尾矿堆积坝的稳定性分析提供基础数据。

（3）根据大红山龙都尾矿库混合式堆坝方法的初步设计资料、现场尾矿坝工程地质勘探资料以及相应规程规范，采用理论分析和数值模拟的方法，计算单一上游法堆坝和混合式堆坝达到同一坝高下、尾矿坝的稳定性，从安全稳定的角度分析评估单一上游法与混合式堆坝法的优劣程度；同时，从增加库容量方面来评判两种堆坝方法的优劣。本书可为矿山选择合理的堆坝方式提供科学依据。

（4）根据尾矿坝稳定性计算成果，结合现场情况，提出可靠的有利于改善坝体稳定的工程技术措施，为尾矿库的设计及其安全运行提供技术支撑。

1.3.3 研究技术路线

本书拟采用试验测试、理论分析与数值模拟相结合的综合性的研究方法。主要的实施步骤为：

（1）现场踏勘与收集资料。

（2）室内土工试验，测定尾矿的物理力学参数及其影响因素的分析与研究。

（3）计算并分析单一上游法与混合式两种筑坝方式，达到同一高度下、库容增加的数量差异。

（4）利用极限平衡法，从理论上分析尾矿库现状及其未来设计混合式堆坝下、尾矿坝的稳定性；同时，计算单一上游法达到同一堆坝高度时，坝体的稳定性，并就两种情况下的稳定性进行比对。

（5）采用数值模拟的方法，针对现状及其未来设计混合式堆坝下的尾矿坝渗流场、应力场及其位移等进行模拟计算，并采用强度折减法，预测尾矿坝的稳定性，并将结果与极限平衡法的结果进行比对分析。

（6）针对尾矿坝稳定性分析结果，结合现场情况，提出可靠的有利于改善坝体稳定的工程技术措施，为尾矿库安全运行提供技术支撑。

具体的技术路线如图 1.2 所示。

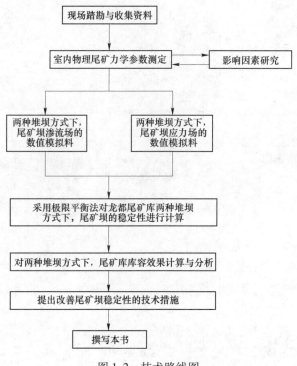

图 1.2 技术路线图

2　尾矿地面存储方式与尾矿库灾害分析

<<<<<<<<<<<<<<<<<<<<<<<<<<<<<<<<<<<<<<<<<<<<<<<<<<

2.1　概述

矿产资源是自然界非再生的重要物质资源，是人类赖以生存和发展的重要物质基础。即便人类进入信息社会和知识经济时代的今天，仍有70%的农业生产资料与矿产资源有关，80%以上的工业用原料取自矿产资源，95%左右的能源为矿物能源，矿产资源无疑仍是现代化建设最重要的物质基础[33]。

自然界蕴藏着极其丰富的矿产资源。人类自古以来开发利用金属矿产资源的基本过程如图2.1所示，其主要由3个环节组成，即采矿、选矿和冶炼。

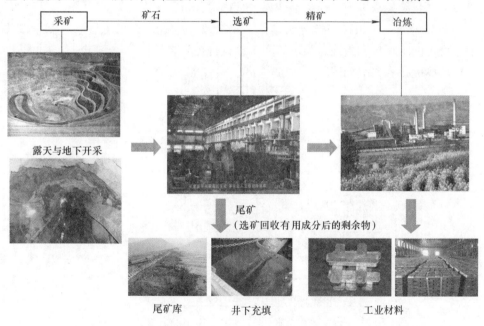

图2.1　矿产资源开发利用流程

第一个环节采矿，顾名思义就是挖出矿石，即自地壳内和地表开采矿产资源的技术和科学。采矿工作的对象是种类繁多的矿床。矿床是矿体的总称。矿石的聚合体叫矿体。凡是地壳里面的矿物集合体，在现代技术经济水平条件下，能以工业规模从中提取国民经济必需的金属或矿物产品的，就叫矿石[34]。矿物指由地质作用所形成、具有相对固定的化学组成的天然单质或化合物。目前，已知的矿物种类有 3500 多种，常见的并得到利用的有 200 多种。

第二个环节选矿，则是根据矿石中不同矿物的物理、化学性质，把矿石破碎磨细以后，采用重选法、浮选法、磁选法、电选法等，将有用矿物与脉石矿物分开，并使各种共生的有用矿物尽可能相互分离，除去或降低有害杂质，以获得冶炼或其他工业所需原料的过程。选矿使有用组分富集，减少冶炼或其他加工过程中的燃料、运输等的消耗，使低品位的贫矿石能得到经济利用。在选矿中，有用成分富集后的产品称精矿；无用的被排放的成分称尾矿。

在金属矿中，由于有用成分所占比例非常小，因此选矿排出的尾矿就比较多。如有色金属矿排出的尾矿量占开采矿石产量的 80% 以上。

第三个环节冶炼，冶炼是一种提炼技术，是指用焙烧、熔炼、电解以及使用化学药剂等方法把矿石中的金属提取出来；减少金属中所含的杂质或增加金属中某种成分，冶炼成所需要的金属。

在上述这三个环节中，随着科学技术的不断进步与发展，每个环节的生产水平和能力也在不断提高。例如，选矿环节，过去是用手工分选，现在则是全自动的机械化选矿，破碎的矿石颗粒可以细到纳米级[35]。

2.2 尾矿的分类及其物理力学性质

如上所述，尾矿为矿石通过球磨等选矿甄别后的剩余产物，属于人造砂土。它以浆状的形式从选矿厂排出，然后通过管道或沟渠输送到尾矿库进行堆存。

一般按照颗粒组成对尾矿进行分类，这样既符合一般砂土分类原则[36,37]，也有利于实际工程应用。我国尾矿设施设计规范中尾矿的分类见表 2.1[38]。

表 2.1　尾矿的分类

原尾矿		判 别 标 准	备 注
类别	名称		
砂性尾矿	尾砾砂	粒径大于 2mm 的颗粒占全重的 25%~50%	定名时应该根据粒组含量由大到小，以最先符号者确定
	尾粗砂	粒径大于 0.5mm 的颗粒超过全重的 50%	
	尾中砂	粒径大于 0.25mm 的颗粒超过全重的 50%	
	尾细砂	粒径大于 0.074mm 的颗粒超过全重的 85%	
	尾粉砂	粒径大于 0.074mm 的颗粒超过全重的 50%	
	尾粉土	粒径大于 0.25mm 的颗粒不超过全重的 50%，塑性指数不大于 10	
黏性尾矿	尾粉质黏土	塑性指数为 10~17	
	尾黏土	塑性指数大于 17	

根据尾矿的工程分类以及科技工作者多年的研究成果，获得了不同类别尾矿的物理力学经验值，具体见表 2.2[14,38]。

表 2.2　不同尾矿的物理力学经验值

力学参数	尾中砂	尾细砂	尾粉砂	尾粉土	尾粉质黏土	尾黏土
平均粒径 d_p/mm	0.35	0.20	0.075	0.05	0.035	0.02
有效粒径 d_{10}/mm	0.10	0.07	0.02	0.01	0.003	0.002
不均匀系数 d_{10}/d_{60}	3.0	3.0	4.0	6.0	10.0	5.0
天然容重 $\gamma/\text{g} \cdot \text{cm}^{-3}$	1.8	1.85	1.9	2.0	1.95	1.80
孔隙比 $e/\%$	0.80	0.90	0.90	0.95	1.0	1.40
内摩擦角 $\varphi/(°)$	34.0	33.0	30.0	28.0	16.0	8.0
黏结力 C/kPa	7.84	7.84	9.80	9.8	10.78	13.72
压缩系数 a_{1-2}/kPa^{-1}	1.7×10^{-4}	1.7×10^{-4}	1.6×10^{-4}	2.1×10^{-4}	4.1×10^{-4}	9.2×10^{-4}
渗透系数 $K/\text{cm} \cdot \text{s}^{-1}$	1.5×10^{-3}	1.3×10^{-3}	3.75×10^{-4}	1.25×10^{-4}	3.0×10^{-6}	2.0×10^{-7}

2.3　尾矿的处置方式

尾矿以浆状的形式从选矿厂排出后，属于矿山的固体废弃物。每年全世界有数百亿吨尾矿从矿山的选厂排出。例如，印度每年铁矿石的产量是 8500 万吨，产生的尾矿约为 2700 万吨[39]。目前，对尾矿的处理方式主要有井下充填和地面堆存。井下充填主要是将尾矿充填到采空区，稳定围岩，为地下开采提供安全保障[40]。而地面堆存分为干法堆积（见图 2.2）和湿法堆积（见图 1.1）两种。国内矿山普遍采用湿法堆积形式处理尾矿，即采用尾矿库的形式存贮尾矿，防止尾矿流失，造成环境污染，这也是处置尾矿最好的方法之一[41]。

(a)　　　　　　　　　　　　　　　　(b)

图 2.2　尾矿干法堆积处理方式
（a）集中堆存；（b）分散堆存

2.4　尾矿库的形式及尾矿坝的堆筑方式

按照所处位置的地形不同，尾矿库分为山谷型尾矿库、山坡型尾矿库和平地型尾矿库。

山谷型如图 2.3 所示，在山区和丘陵地区，利用自然山谷，三面环山，在下游谷口地段一面筑建坝，进行拦截，形成尾矿库。

图 2.3　山谷型尾矿库

山坡型如图 2.4 所示，在丘陵和湖湾地区，利用山坡洼地，三面或两面筑坝，进行围截，形成尾矿库。

图 2.4　山坡型尾矿库

平地型如图 2.5 所示，在平原和沙漠地区的平地或凹坑处，人工修筑围堤，

图 2.5　平地型尾矿库（2010 年 10 月匈牙利失事尾矿库）

形成尾矿库。

尾矿坝是尾矿库的主要组成部分，也人造最大的构筑物[41]。按照尾矿堆积方式的不同，尾矿坝的构筑可分为上游式、中线式、下游式、高浓度尾矿堆积法和水库式尾矿堆积法（尾矿库挡水坝）等多种[42,43]。

2.4.1　上游式堆坝法

上游式尾矿筑坝是在初期坝上游方向冲、堆积尾矿的筑坝方式[42,43]，这是我国目前普遍采用的方法。据统计，我国有色金属矿山的尾矿库有85%是采用上游式堆坝法筑坝[43]。如图2.6所示，一般在沉积干滩面上，取库区内粗粒尾砂堆筑高度为1~3m的子坝，将放矿支管分散放置在子坝上进行分散放矿，待库内充填尾砂与子坝坝面平齐时，再在新形成的尾矿干滩面上，按设计堆坝外坡向内移一定距离再堆筑子坝。同时，又将放矿管移至新的子坝上继续放矿，如此循环，一层一层往上堆筑。如果遇见尾矿粒度较细时，可采用水力旋流器进行分级堆坝，或用池填法、渠槽法等方法筑坝[14]。

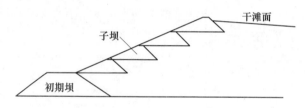

图2.6　上游式尾矿堆积坝工艺图

上游式尾矿堆积坝的稳定性，决定于沉积干滩面的颗粒组成及其固结程度。干滩面坡度由矿浆流量、浓度、尾矿粒度、库内水位等诸多因素决定。坡度与距离的关系一般呈指数分布规律。矿浆流量大、浓度低、尾矿粒度粗，库内水位低（干滩面长），则干滩面坡度就陡，反之，干滩面坡度就缓。上游式堆坝的主要优点是堆坝工艺简单，运行成本低。

上游式堆坝的主要缺点是容易形成复杂的、混合的坝体结构，致使坝体内的浸润线抬高或从坝面逸出，从而引起坝体产生渗透破坏或滑坡、滑塌。尤其是在地震时容易引起液化，降低坝体的稳定性，造成溃坝灾害。

2.4.2　下游式堆坝法

下游式筑坝方式是在初期坝下游方向用旋流粗砂冲击尾矿的筑坝方式[38]。下游式尾矿堆积坝如图2.7所示。尾矿堆积坝往初期坝下游方向移动和升高，子坝不是坐落在松软的沉积干滩面上，而是经过旋流器分选后粗尾矿颗粒上面，基础较好，尾矿排放堆积易于控制。采用水力旋流器分出浓度高的粗粒尾矿堆坝，粗颗粒（$d>0.074$mm）含量不宜小于70%，否则应进行筑坝试验。坝体可以分层碾压，并根据需要设置排渗。坝体地下渗流比较容易控制，可将饱和尾矿区限制在一定的范围。坝体稳定性较好，容易满足抗震和其他要求。

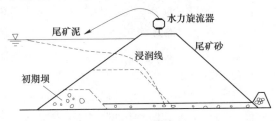

图 2.7　下游式堆积坝的工艺图

下游式堆坝法的主要缺点是需要大量的粗粒尾矿筑坝，特别在尾矿库的使用初期，存在粗粒尾矿量不足的问题。其解决的办法是采用其他材料补充或提高初期坝的高度。比如利用废石补充尾砂的不足，国外有此实例，我国仅峨口铁矿第二尾矿库属此种坝型[1]。另外，还有下游坝坡面一直在变动，使得坝面水土流失严重；另外，该方法运行成本很高。

2.4.3　中线式堆坝法

中线式筑坝方式是在初期坝轴线处用旋流粗砂冲击尾矿的筑坝方式[38]。中线式堆坝法如图 2.8 所示。它实质上是介于上游式和下游式之间的一种筑坝方式。其特点是在筑坝过程中坝顶沿轴线垂直升高，堆积坝体的尾矿仍采用水力旋流器分级，和下游筑坝法基本相似，但与下游式相比，坝体上升速度快，筑坝所需材料少，坝体的稳定性基本上具有下游式的优点，而其筑坝费用比下游式低。其主要缺点是：因下游坝坡面一直在变动，使得坝面水土流失严重；另外，运行成本比较高。目前，我国德兴铜矿 4 号尾矿库就是采用这种方式筑坝。

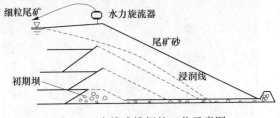

图 2.8　中线式堆坝的工艺示意图

根据设计规范要求[38]，设计地震烈度为 8~9 度的地区，尾矿库宜采用下游式和中游式堆坝法。

2.4.4　高浓度尾矿堆积法

近年来，国外兴起了一种浓缩尾矿的堆积方法（见图 2.9），它和传统方法不同，将尾矿浆浓缩到50%以上的浓度，由砂泵输送到尾矿堆积场的某一部位排放，由于高浓度尾矿成浆状或膏状，分级作用比较差，在排放口可以形成锥形堆积体，堆积体的坡度由矿浆的性质所决定。如加拿大一些矿山采用该法沉积体坡度为6%左右，实际上形成的尾矿堆场像干渣堆场一样。为了排放尾矿，需要修筑一些坡道，随着堆积体的增高，逐步抬高坡度。为了收集尾矿的离析水以及携带的少量细粒矿泥，在堆积区下游一定部位应建立尾矿水沉积池，沉积后的澄清水可以回收利用。为了防止雨水冲刷及砂土流失，应设周边堤和排水沟。这种堆存方式适用于在较大面积的平地或丘陵地区排放。该方法堆存尾矿无需建筑尾矿坝，因此风险性小，安全性好。但占地面积较大，且需高效浓缩设施，运行成本高。

(a)　　　　　　　　　　　　　　　　　(b)

(c)

图 2.9　国外高浓度尾矿处理
(a) 高浓度尾矿；(b) 堆积过程；(c) 堆积后

高浓度堆坝法在我国仍处于研究阶段。目前，应用这种方法的困难在于矿浆浓缩和高浓度浆体的输送，在技术经济上仍需作进一步研究。

2.4.5 水库式尾矿堆积法（尾矿库挡水坝）

水库式尾矿堆积法不用尾矿堆坝，而是用其他材料像修建水库那样在山谷合适的位置修建拦挡坝，形成一个水库式的用于堆存尾矿（见图 2.10）。例如，贵州汞矿修了一个 54.0m 高的三心圆拱坝（库容 200 万立方米，服务年限 10 年）。湖南锡矿山用南选厂废石场的手选废石也堆筑了一座这样的尾矿库（反滤层用河床砾石、全尾石、河沙、重介质选矿的尾砂铺成，坝高 68m，坝体堆石 77.92 万立方米，总容积 343 万立方米，全尾砂经旋流器分级，粗颗粒尾砂用作井下充填料，小于 0.07mm 的占 98%的细尾砂进入尾矿库）。安徽宣城铜钼矿修建了一座18.0m 高的均质土坝作为尾矿库拦挡坝，用于储存井下充填的剩余细粒尾砂。这种尾矿库和一般蓄水的水库工作状态基本相同，但坝前水位升降变化幅度较小，尾矿堆积是逐步推进的。目前，许多私营矿山的小型尾矿库多采用这种方式。

(a)　　　　　　　　　　　　　　　(b)

图 2.10　水库式尾矿库（宜春九龙脑尾矿库-私营矿山）
（a）浆砌块石拦挡坝；（b）尾矿库区内

水库式尾矿库初期基建投资一般较高，多采用当地土石料或废石修建拦挡坝，后期运行成本较低。当尾矿粒度过细，不能用于修尾矿坝或有其他特殊原因时才使用该方法。尾矿排放位置在坝前不经济或困难大时，可以在库区上游放矿。矿浆水对环境危害很大，不宜采用该方法。

水库式尾矿库的大坝称为尾矿库挡水坝，设计、施工和生产管理时应按水库坝的要求进行。

2.5　尾矿库灾害事故及其原因分析

2.5.1　国外尾矿库灾害事故及原因分析

美国克拉克大学公害评定小组曾对尾矿库的事故进行了研究，结果表明，尾矿库事故的危害，在世界 93 种事故、公害的隐患中，名列第 18 位。它仅次于核爆炸、神经毒气、核辐射等灾害，而比航空失事、火灾等其他 60 种灾害严重。美国大坝委员会 USCOLD 和美国国家环境署 UNEP 曾经对 211 个尾矿库事故案例进行了统计分析[44,45]，分析了坝高、堆坝方式与尾矿库事故的关系，结果如图 2.11 和图 2.12 所示。从图 2.11 可以看出，尾矿库事故多发生于坝高小于 20m。尾矿库的等级越高，生产管理措施越规范，检查力度越大，因而相对发生事故数较少。100m 以上的尾矿坝发生溃坝事故很少，充分验证了这一点。相反，本来应比较安全的低坝（20m 以下）尾矿库并没有引起人们的足够重视，以致发生事故频率较高。

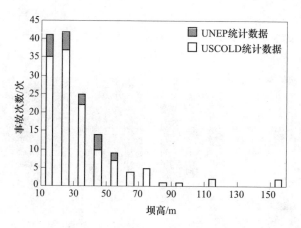

图 2.11　尾矿坝事故与尾矿坝坝高的关系

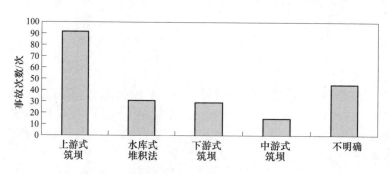

图 2.12　尾矿库事故与尾矿坝筑坝方法的关系

尾矿库的堆坝型式对尾矿库的安全运行关系也非常密切。由图 2.12 可知，采用上游式堆坝的尾矿库发生事故的频率高于其他型式的尾矿库。分析其原因，上游式筑坝的尾矿坝坝体是尾矿通过冲击自然沉积形成的，与其他型式的相比，其稳定性较差。

2.5.2 国内尾矿库灾害事故及原因分析

根据数据统计，国内尾矿库的安全形势也不容乐观。我国尾矿库不仅数量多，而且分布广，全国除天津、上海之外，几乎各省市均有。在这些尾矿库中，病险库的比例较高。我国国有大中型有色金属矿山正在运行的尾矿库中，正常运行的尾矿约占52%，带病运行的占33%，超期服役的占9%，处于危险状态的占6%。尾矿库是矿山最大的危险源，由于尾矿库垮塌造成的灾害事故触目惊心。例如，1962年9月26日，云南锡业公司火谷都尾矿库溃坝，死亡171人，伤9人；1985年8月25日，湖南柿竹园有色矿牛角垄尾矿库溃坝，死亡49人；1986年4月30日，安徽黄梅山铁矿金山尾矿库坝体溃决，死亡19人，伤95人；1992年5月24日，河南栾川县赤土店乡钼矿尾矿库发生大规模坍塌，死亡12人；1994年7月13日，湖北省大冶有色金属公司龙角山铜矿尾矿库溃坝，死亡28人，失踪3人；2007年11月25日，辽宁省鞍山市海城西洋鼎洋矿业有限公司选矿厂5号尾矿库发生溃坝事故，致使约54万立方米尾矿下泄，造成该库下游约2公里处的甘泉镇向阳寨村部分房屋被冲毁，13人死亡，3人失踪，39人受伤（其中4人重伤）；2008年9月8日，山西临汾市襄汾县新塔矿业有限公司尾矿库垮塌，造成277人死亡，社会影响恶劣，经济损失惨重；2009年6月18日江西省某矿业公司在运行了2~3年后，该库被尾矿泥压垮，导致尾矿浆泄漏事故发生，近1万立方米的尾矿泥浆泄漏，下游几十亩农田被冲毁，数公里河段被污染，十几户农家紧急转移，幸未发生人员伤亡；2011年中国绵阳带有金属锰的尾矿泄露，造成下游支流涪江污染。

另外，还有大量废弃的、关闭停止使用的尾矿库，这些尾矿由于无人管理，结果也存在许多安全隐患，甚至会造成灾害事故。例如，1993年，福建省潘洛铁矿已废弃的尾矿库区内发生山体滑坡，造成14人死亡，4人重伤。

随着人们居住环境的变迁，几十年前尾矿库库区下游原本没有人居住的，现在却修建了许多民房和村落。因此，为了保障矿产业可持续发展、建设和谐社会，确保尾矿库的安全迫在眉睫。

我国85%以上的尾矿库都是采用上游式筑坝。虽然这种筑坝方法简单，运行成本低，但是这种筑坝方式的形成的坝体结构复杂，尾矿松散，坝体浸润线偏高，尾矿坝稳定性低。上游式尾矿堆积坝发生破坏的主要形式如图2.13所示。

我国尾矿库发生事故的原因大体上可以归纳为两大类：

（1）尾矿库防洪不达标，防洪能力差，尤其碰到极端天气，情况更糟糕。绝大多数尾矿库的灾害事故是由于天降大雨，库内排洪设施出现问题，导致库内洪水漫过坝顶，从坝顶溢出，引起溃坝。例如，2010年10月18日，广西南丹鸿图选矿厂尾矿库因遇暴雨，库内洪水漫过坝顶而造成溃堤，共造成28人死亡，

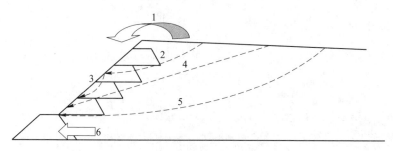

图 2.13　上游式尾矿坝主要破坏形式
1—库内洪水漫坝；2—浅层圆弧形滑坡；3—坝坡面局部垮塌或开裂等；
4—平面滑坡；5—深层圆弧形滑坡；6—管涌

56 人受伤，70 间房屋不同程度损坏，直接经济损失 340 万元。又如"9·8"山西襄汾新塔矿业尾矿库溃坝事故因回收库内尾水而提高库内水位，导致库内水位上升过高，造成漫坝而溃坝。2010 年 9 月 21 日，由于受台风"凡亚比"带来的罕见特大暴雨影响，广东省茂名市信宜紫金矿业有限公司银岩锡矿高旗岭尾矿库发生溃坝事件，共造成 22 人死亡，房屋全倒户有 523 户，受损户 815 户。

（2）尾矿坝稳定性差，出现坝坡面、坝基或坝肩渗漏，引起尾矿坝失稳溃坝。例如，江西德兴铜矿 1 号尾矿库的主坝，1973 年堆积至 51m 高时，浸润线在坝坡面出露，当年 6 月 29 日突然在外坡出现大面积沉陷和管涌，导致局部滑塌。30min 内，坝体迅猛滑塌下去，大量尾矿外泄。又如，南芬老尾矿库在生产中发生坝肩大量渗漏，出现流土，结果造成库内尾矿浆和尾矿水流出 4.0 万立方米，严重污染了下游的庙儿沟河道。2020 年 3 月 28 日，伊春鹿鸣矿业有限公司钼矿尾矿库 4 号溢流井发生倾斜，导致伴有尾矿砂的大量污水泄漏，进入松花江二级支流依吉密河，造成环境污染事件。据介绍，伊春鹿鸣矿业"3·28"尾矿库泄漏事故，次生了我国近 20 年来尾矿泄漏量最大、应急处置难度最大、后期生态环境治理修复任务异常艰巨的突发环境事件。

2.6　本章小结

本章主要介绍人类开发利用矿产资源的基本过程以及尾矿的来源；总结了尾矿材料的分类及其物理力学性质的经验值；归纳了尾矿地面堆存的基本类型、尾矿坝的常用筑坝方式及其特点；总结了国内外尾矿库灾害事故的类型与发生的原因。目前，我国尾矿库发生事故的主要原因大体上可以归纳为两大类：（1）尾矿库防洪不达标，防洪能力差，尤其遇到极端天气，情况更糟糕；（2）尾矿坝稳定性差，出现坝坡面、坝基或坝肩渗漏，引起尾矿坝失稳溃坝。

3 大红山龙都尾矿库工程
概况与混合式堆坝

‹‹

3.1 大红山龙都尾矿库总体设计概况与混合式堆坝

3.1.1 大红山铜矿与大红山铁矿简介

为了节省投资，保护环境，1996 年，昆明钢铁公司玉溪大红山铁矿和玉溪矿业公司大红山铜矿共同出资建设大红山龙都尾矿库，作为两家矿山采选工程的配套项目。

玉溪大红山铁矿隶属云南省昆明钢铁集团有限责任公司。现探明的铁矿石储量 4.58 亿吨（总 Fe 36.32%）。矿山矿石储量大，原矿品位较高，是正在建设中的国内特大型地下矿山。2002 年建成了年产 20 万吨露天采场；2006 年建成了年产 400 万吨的地下矿山。2015 年形成年处理原矿 1200 万吨的规模，可产生 500 万吨成品矿。

玉溪矿业公司大红山铜矿为地下矿山，是云南铜业（集团）公司的主要铜原料基地之一，是玉溪矿业公司的主力矿山，为国家"八五"重点建设项目。大红山铜矿一期工程于 1992 年 8 月 24 日开工建设，设计生产能力为日采选原矿 2400t，投资 4.7 亿元，于 1997 年 7 月 1 日建成投产；二期工程于 1999 年 12 月 26 日开工建设，设计生产能力为日采选原矿 2400t，投资 3.7 亿元，于 2003 年 6 月 26 日建成投产。一、二期设计生产能力为日采选原矿 4800t。经过多次技术改造，目前矿山日采选原矿 15000t，年产精矿含铜 2 万吨以上，铁精矿 60 万吨。

3.1.2 大红山龙都尾矿库总体设计概况

大红山龙都尾矿库位于玉溪市新平县戛洒镇戛洒江东岸、离江边 500m 处的一个山谷中，尾矿库库址与大红山铜矿矿区平距约 8.0km。该尾矿库为山谷型。

为满足两家矿山尾矿堆存的需要，按照初期规划，龙都尾矿库设计库容为 1.2 亿立方米，尾矿堆坝高程+550.0～+730.0m，堆积坝高 180.0m，最终坝高为 210.0m。按照坝高和库容考虑，该尾矿库属于高堆坝范畴。一方面为了满足矿山尾矿的堆存量，一方面又要保证尾矿库的安全，工程师们经过慎重考量后，在 1996 年初步设计时，规划大红山龙都尾矿库采用混合方式堆坝。

3.1.3   大红山龙都尾矿库混合式堆坝

目前尾矿坝的构筑按照堆坝工艺和坝轴线的移动方向分为上游法、中线法和下游法。由于上游法具有工艺成熟、运行成本低等优点，我国矿山比较多的采用上游法构筑尾矿坝。而规划中的大红山龙都尾矿库却是采用混合式堆坝，即采用两种筑坝方法，构筑一个尾矿库。按照设计规划，尾矿库投产初期采用上游式筑坝（见图 3.1）。设计的初期坝为透水堆石坝，坝顶标高+550.0m，坝高 30.0m，内外坡均为 1：2.0；堆积坝采用上游法，坝外坡为 1：5.0，子坝高度为 2.0m，由人工堆筑。当坝顶标高在+600.0~+640.0m 之间时，改用中线式堆坝（见图3.2），即采用旋流分级，设计子坝高度为 10.0m，子坝坝顶宽度为 20.0m，堆积坝外坡 1：4.0。如图 3.3 所示，实施混合式堆坝，一直堆积到+700.0m 的设计标高。然后又改用上游法堆坝方式堆积 30.0m，达到最终坝高 210.0m。

尾矿库排洪方式为：坝顶标高在+610.0m 以下时采用管井排洪结构、坝下排洪；+610.0m 标高以上采用隧洞侧向排洪。

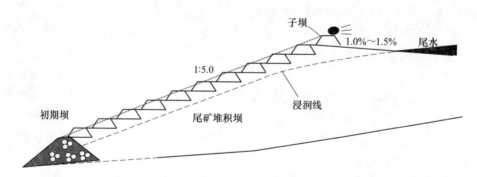

图 3.1   上游法堆坝方式

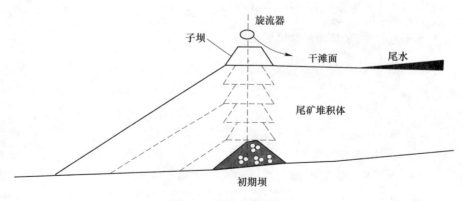

图 3.2   中线法堆坝方式

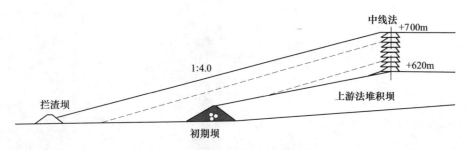

图 3.3 龙都尾矿库混合式堆坝示意图

3.2 大红山龙都尾矿库的运行现状

大红山龙都尾矿库于 1997 年 7 月建成并投入使用，初期由大红山铜矿一选厂一期工程向尾矿库排放尾矿，2003 年大红山铁矿 50 万吨/年选矿厂、大红山铜矿一选厂二期工程先后建成投产，并向尾矿库排放尾矿。

如上所述，大红山龙都尾矿库为两家矿山共建、共管、共用。2007 年随着大红山铜矿一选厂处理原矿量加大（原矿品位降低）及二选厂投产、大红山铁矿 400 万吨投产，不仅使入库尾矿量大幅度增加，而且入库尾矿粒径组成不均衡、粒级趋于变细等，造成尾矿堆存上升速度较快，需要频繁堆筑子砂坝，每年需堆筑子砂坝 5 台以上。目前，已堆积了 31 级子坝，坝顶标高为+616.0m，堆积坝高约 66.0m，总坝高 96.0m（见图 3.4）。

图 3.4 大红山龙都尾矿库上游法堆积形成的尾矿坝

目前，该尾矿库运行情况良好，采用上游法堆坝，干滩坡度基本保持 10‰左右，干滩长度一般在 550m 以上（见图 3.5）。

按照设计规划要求，目前，大红山龙都尾矿库已进入中期堆坝阶段，即在 +620m 标高实施混合式堆坝法中的中线法。

图 3.5　大红山龙都尾矿库运行现状

3.3　大红山龙都尾矿库混合法堆坝的必要性

3.3.1　两个矿山入库尾矿总量与尾矿颗粒组成

按照矿山的选矿的生产能力和生产工艺，据统计，已经入库和将要入库的尾矿量见表 3.1。入库全尾矿颗粒组成见表 3.2。

表 3.1　入库尾矿量　　　　　　　　　　　　（万吨）

项　　目		2008 年	2009 年	2010 年	2011 年	2012 年	2013 年	2014 年	2015 年
大红山铜矿	规　模	495	495	495	495	495	495	495	495
	总尾砂	422.9	422.9	422.9	422.9	422.9	422.9	422.9	422.9
	充填量	250.6	250.6	250.6	250.6	250.6	250.6	250.6	250.6
	溢流量	104.5	104.5	104.5	104.5	104.5	104.5	104.5	104.5
	全尾砂量	67.8	67.8	67.8	67.8	67.8	67.8	67.8	67.8

项 目		2008 年	2009 年	2010 年	2011 年	2012 年	2013 年	2014 年	2015 年
大红山铁矿一、二选厂	规 模	473	540	550	550	550	550	550	550
	总尾砂	260	283	290	290	290	290	290	290
	大于 74μm 含量	62.4	67.9	69.6	69.6	69.6	69.6	69.6	69.6
	全尾砂量	260	283	290	290	290	290	290	290
大红山铁矿三选厂	规 模				450	500	550	600	650
	总尾砂				349	388	427	465	500
	大于 74μm 含量				105	116	128	140	150
	充填量				0.0	36.7	127.9	175.6	175.6
	溢流量				0.0	12.2	42.6	58.5	58.5
	全尾砂量				349	339.1	256.5	230.9	265.9
合计入库尾砂量		372.32	455.3	462.3	811.3	813.6	761.4	751.7	786.7

由表 3.1 可以看出，随着大红山铜、铁矿的生产规模不断扩大，入库尾矿量剧增，由原来的 460 万立方米猛增到 760 万立方米，使得堆坝上升速度加快很大。

表 3.2 全尾矿颗粒组成 （%）

粒径大小/mm	大红山铜矿		大红山铁矿		
	全尾砂	充填溢流	一、二选厂	三选厂	
				全尾砂	充填溢流
0.074	31.47	4.94	24	30	4.94
0.037	29.82	24.90	34.47	30.90	24.90
0.018	19.87	51.50	30.36	19.34	51.50
0.010	7.52	12.65	7.26	9.82	12.65
0.01~0	11.31	6.01	5.33	9.94	6.01
合计	100.00	100.00	100.00	100.00	100.00

3.3.2 单一上游法堆坝存在的困难

由于井下采场充填需要，大红山铜矿从 1999 年开始就考虑采用全尾砂进行井下充填。根据井下充填设计，利用 83.97% 的铜矿尾砂进行充填，剩余不到 16.03% 的铜矿全尾砂及充填溢流细尾排入龙都尾矿库内堆存。同时，由于大红山铁矿的选矿工艺进行了改变，使其入库尾矿颗粒变细，另外，铁矿三期选厂投产。

之后也考虑采用部分粗尾砂进行井下充填，因此，铜矿、铁矿实际入库尾矿中粗颗粒（大于 0.074mm）含量比原设计要求的大大减少了，目前大红山铜、铁两矿山排放入库的尾矿粗颗粒（大于 0.074mm）仅占全尾矿的 19%（质量占比），改变了原设计方案中要求的全尾砂堆坝方案，这样继续采用上游法堆积形成的尾矿坝的稳定性很难有保证，则可能导致大红山铜、铁两矿山面临再新建尾矿库的选择。但大红山矿区方圆 10 多千米范围内，没有适合的大型尾矿库场所。所以按照原设计规划，利用龙都尾矿库实施混合式堆坝法、继续加高尾矿坝堆存矿山排放的尾矿，应该是两个矿山最好的选择。

3.3.3　混合式堆坝起始标高的优选

由于中线法堆坝是利用水力漩流器进行尾矿分级，将分级所得的沉砂（粗粒部分）用于堆积坝体及其外壳，而溢流部分（细粒）则排向库内，这样沉砂尾矿不含尾矿泥和尾黏土，粒径粗，透水性强，堆筑形成的坝体浸润线埋深低和力学强度高等特点、坝体稳定好等，因此，中线法适于尾矿高堆坝[42]。

按照中线法堆坝工艺要求，漩流器分级后的沉砂用于堆坝，其沉砂中粗颗粒尾矿（大于 0.074mm）含量必须不得小于 70%。据此要求，在龙都尾矿库 1：1000 现状地形图上按 1：4.0 的堆坝外坡进行中线法库容计算，确定了采用中线法堆坝、不同坝高下所需粗颗粒尾矿（大于 0.074mm）需求量，见表 3.3 和表 3.4[46]。

表 3.3　+610.0m 标高以上粗颗粒尾矿（大于 0.074mm（200 目））**需求量**

堆坝标高	外坝壳粗颗粒量/m³	库内细颗粒尾矿堆积量/m³	总尾矿堆存量/m³	累计总尾矿堆存量/m³
610m	0	0	0	0
615m	49.75×10⁴	205.53×10⁴	255.28×10⁴	255.28×10⁴
620m	54.75×10⁴	232.68×10⁴	287.43×10⁴	542.71×10⁴
625m	59.5×10⁴	262.21×10⁴	321.71×10⁴	864.42×10⁴
630m	64×10⁴	293.29×10⁴	357.29×10⁴	1221.71×10⁴
635m	69.25×10⁴	325.86×10⁴	395.11×10⁴	1616.83×10⁴
640m	76×10⁴	360.36×10⁴	436.36×10⁴	2053.18×10⁴
645m	82.75×10⁴	396.35×10⁴	479.10×10⁴	2532.28×10⁴
650m	89.25×10⁴	433.81×10⁴	523.06×10⁴	3055.34×10⁴
655m	97.5×10⁴	472.22×10⁴	569.72×10⁴	3625.06×10⁴
660m	105.75×10⁴	510.97×10⁴	616.72×10⁴	4241.78×10⁴
665m	114.25×10⁴	551.29×10⁴	665.54×10⁴	4907.32×10⁴
670m	125×10⁴	593.30×10⁴	718.30×10⁴	5625.62×10⁴

堆坝标高	外坝壳粗颗粒量/m³	库内细颗粒尾矿堆积量/m³	总尾矿堆存量/m³	累计总尾矿堆存量/m³
675m	138×10^4	636.79×10^4	774.79×10^4	6400.41×10^4
680m	151.75×10^4	682.27×10^4	834.02×10^4	7234.43×10^4
685m	165.5×10^4	730.08×10^4	895.58×10^4	8130.02×10^4
690m	179.25×10^4	781.33×10^4	960.58×10^4	9090.60×10^4
695m	192.0×10^4	835.50×10^4	1027.50×10^4	10118.10×10^4
700m	205.5×10^4	890.78×10^4	1096.28×10^4	11214.38×10^4
合计	2019.75×10^4	9194.629×10^4	11214.38×10^4	—
比例/%	18.01	81.99	100	—

表 3.4 +616.0m 标高以上粗颗粒尾矿（大于 0.074mm（200 目））需求量

堆坝标高	外坝壳粗颗粒量/m³	库内细颗粒尾矿堆积量/m³	总尾矿堆存量/m³	累计总尾矿堆存量/m³
616m	0	0	0	0
620m	47.10×10^4	186.15×10^4	233.25×10^4	233.25×10^4
625m	63.88×10^4	262.21×10^4	326.09×10^4	559.33×10^4
630m	68.63×10^4	293.29×10^4	361.91×10^4	921.25×10^4
635m	74.13×10^4	325.86×10^4	399.99×10^4	1321.24×10^4
640m	81.13×10^4	360.35×10^4	441.48×10^4	1762.72×10^4
645m	87.88×10^4	396.35×10^4	484.23×10^4	2246.94×10^4
650m	94.50×10^4	433.81×10^4	528.31×10^4	2775.25×10^4
655m	103.13×10^4	472.22×10^4	575.35×10^4	3350.60×10^4
660m	111.63×10^4	510.97×10^4	622.60×10^4	3973.19×10^4
665m	119.75×10^4	551.29×10^4	671.04×10^4	4644.23×10^4
670m	130.00×10^4	593.30×10^4	723.30×10^4	5367.53×10^4
675m	143.00×10^4	636.79×10^4	779.79×10^4	6147.32×10^4
680m	156.75×10^4	682.27×10^4	839.02×10^4	6986.34×10^4
685m	170.50×10^4	730.08×10^4	900.58×10^4	7886.92×10^4
690m	184.25×10^4	781.33×10^4	965.58×10^4	8852.51×10^4
695m	197.00×10^4	835.50×10^4	1032.50×10^4	9885.00×10^4
700m	210.50×10^4	890.78×10^4	1101.28×10^4	10986.28×10^4
合计	2043.73×10^4	8942.56×10^4	10986.28×10^4	—
比例/%	18.61	81.39	100	—

从表 3.3 和表 3.4 可以看出，如果从 +610.0m 标高开始采用中线法堆坝，用于堆坝的粗颗粒量占总库容量的 18.01%，而从 616.0m 标高开始采用中线法堆坝，用于堆坝的粗颗粒量占总库容量的 18.61%，说明越早实施中线法堆坝、对粗颗粒尾矿含量的要求越低，反之则越高。因此，尽可能早实施混合式堆坝方案。最后，根据现场实际情况，经过综合考量后，经矿山商量确定从 2012 年初、+620.0m 标高开始实施中线法堆坝，以减小后期堆坝对粗颗粒尾矿的需求量，降低堆坝成本。

3.4　本章小结

本章对大红山龙都尾矿库的总体设计概况和运行现状做了较详细的介绍，并对混合式堆坝工艺进行了阐述，分析了龙都尾矿库实施混合式堆坝的必要性，以及实施混合式堆坝的起始坝高等，为矿山企业决策提供了有力的技术支撑。

4 大红山龙都尾矿库中线法筑坝尾矿料的物理力学性能研究

<<<<<<<<<<<<<<<<<<<<<<<<<<<<<<<<<<<<<<<<<<<<<<<<<<<<<<<<<<<<<<<<

4.1 概述

尾矿坝是尾矿库的主要构筑物，它是用以拦截尾矿而修筑的坝体，其稳定性决定了尾矿库的安危。而用于堆筑尾矿坝的尾矿材料的力学性质与坝体的稳定性息息相关[47]。按照规范要求[48]，在尾矿库工程设计时，必须提供尾矿的土力学性质等基础资料。

按照大红山龙都尾矿库的设计规划，该尾矿库采用分期、多方式筑坝，即初期采用上游式筑坝，坝体达到了一定高度后，改用中线法筑坝，最后又采用上游式筑坝。目前，尾矿库将进入中线法筑坝阶段。为了使工程设计更可靠、更科学，确保尾矿库万无一失，有必要对中线法筑坝尾矿的物理力学性质进行试验测试与分析。

大红山龙都尾矿库于 1997 年 7 月建成并投入使用，原设计初期坝为透水堆石坝，坝顶标高 550m，坝高 30m，尾矿堆坝高程 550~730m，堆坝高 180m。初期用上游法筑坝，当铜铁尾矿入库至堆坝标高 600~640m 之间时，用中线法堆坝，标高 640m 以上又改用上游法堆坝。由于中线法堆坝实施滞后，目前龙都尾矿库用上游法堆坝按 1：5 的外坡已堆至 612m 标高，设计初步拟于 620m 标高按 1：4 的外坡采用中线法堆坝至 700m 标高，后期再以 700m 标高开始采用上游法堆坝至 730m 标高，总坝高约 210m。

中线法堆坝是采用旋流分级工艺。即选厂排出的尾矿，经过旋流器分级后，分为两部分，一部分为从沉砂口排出的尾矿，这部分直接用于堆积坝，另一部为溢流口排出、细粒级尾矿，通过管道排放到尾矿库内。

本章对大红山龙都尾矿库两组入库尾矿料进行干密度（堆积密度）、密度、颗分、饱和与非饱和固结试验，UU、CD、CU 三轴剪试验，并根据 CD 剪试验成果，采用邓肯-张 E-B、E-μ 模型计算整理 8 个参数。对一组拟做外坝壳料的矿山废石料进行了来料颗粒级配整理计算出试验级配，进行了相对密度及大型三轴 CD 剪试验。并根据试验成果整理计算了 8 个参数。现将各料试验成果全部提交，以供设计进行安全稳定计算之用。

试验严格按照中华人民共和国水利部《土工试验规程》（SL237—1999）、《水电水利工程土工试验规程》（DL/T 5355—2006）及《水电水利工程粗粒土试验规程》（DL/T 5356—2006）进行。

4.2　尾矿料特性试验

4.2.1　物理性质试验

　　为了全面掌握两组尾矿的物理性质，通过现场取样，分别采取了旋流分级后的溢流尾矿和沉砂口排放的尾矿进行物理性质测试。尾矿料的密度和界限含水率见表 4.1。

表 4.1　两种尾矿料的密度和界限含水率

尾矿料	密度/g·cm⁻³	界限含水率		
		液限/%	塑限/%	塑性指数
溢流尾矿	2.94	29.4	18.6	10.8
沉砂尾矿	3.09	27.5	19.3	8.0

　　两组尾矿料中溢流尾矿密度为 2.94g/cm^3，沉砂尾矿密度较大，为 3.09g/cm^3，这与尾矿料所含矿物成分有关。溢流尾矿料较细，沉砂尾矿较粗，沉砂尾矿的密度较溢流尾矿大。界限含水率：液限溢流尾矿为 29.4%，沉砂尾矿为 27.5%，塑限溢流尾矿为 18.6%，沉砂尾矿为 19.3%；塑性指数溢流尾矿为 10.8，沉砂尾矿为 8.0。从塑性指数也可得出沉砂尾矿料较粗。

4.2.2　颗粒组成测试与分析

　　尾矿的粒度是尾矿的一项重要的物理指标，颗粒大小和粒径分布与其物理力学性质存在一定的联系。同时，对坝体的稳定性也有很大影响[49,50]。两组尾矿样的颗粒分布曲线见表 4.2 和图 4.1。溢流尾矿最大粒径为 0.5mm，大于 0.074mm 砂粒组含量为 11.4%，较细，不均匀系数 $C_u = 20.0$，曲率系数 $C_c = 0.0241$；沉砂口排出的尾矿最大粒径为 1mm，大于 0.075mm 的砂粒组为 58.5%，较粗，不均匀系数 $C_u = 5.2$，曲率系数 $C_c = 1.393$，级配良好。

表 4.2　两种尾矿料的颗粒分析

尾矿料		溢流尾矿	沉砂尾矿
颗粒组成/%	0.5~1mm	—	0.1
	0.25~0.5mm	0.6	9.2
	0.075~0.25mm	11	49.2
	0.037~0.075mm	38	29.5
	0.019~0.037mm	20	2.8
	0.01~0.019mm	9.5	1.3
	0.005~0.01mm	8	1.8
	<0.005mm	14	6.1
	<0.002mm	9.2	4.2

尾矿料	溢流尾矿	沉砂尾矿
d_{60}	0.5	0.1
d_{50}	0	0.1
d_{30}	0	0.1
d_{10}	0	0
d_{60}/d_{10}	20	5.2

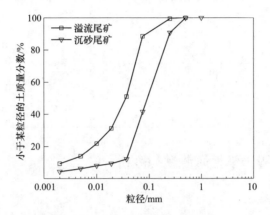

图4.1 两种尾矿的颗粒分布曲线

4.2.3 自然沉积密度试验

自然沉积密度试验设备是采用特制的、底部设有排水的密度沉积仪。堆积时间按7天考虑，每天定时测其堆积密度和相应的含水率，绘制堆积时间与干密度、含水率的变化曲线（见图4.2）。待干密度趋于稳定后，再测试两组尾矿的

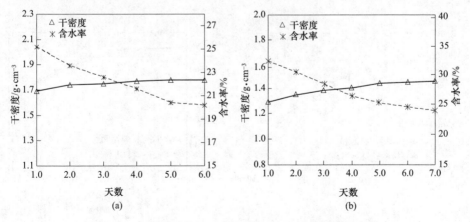

图4.2 自然沉积状态下尾矿干密度、含水率随时间变化
（a）沉砂口排出尾矿；（b）溢流口排出尾矿

物理性质参数，结果见表4.3。

试验结果显示，溢流尾矿为低液限黏土类（CL），沉砂口排出尾矿为低液限粉土类（ML）。

表4.3 两组尾矿的物理性质

试验尾矿		溢流尾矿	沉砂尾矿
干密度/g·cm⁻³		1.48	1.83
饱和密度/g·cm⁻³		1.78	2.14
含水率/%		23.80	17.80
比重		2.94	3.09
界限含水率/%	液限	29.4	27.5
	塑限	18.6	19.3
塑性指数		10.8	8.0

4.3 尾矿的工程力学性质测试与分析

4.3.1 尾矿的压缩性

尾矿的压缩性对于尾矿坝的稳定非常重要。堆积坝的压缩固结过程实质就是尾矿含水量降低、密度增加、孔隙水压力消散和强度增长的进程。

采用高压固结仪，针对两组尾矿进行了饱和、非饱和状态下的固结试验。垂直荷载按0.05MPa、0.1MPa、0.2MPa、0.4MPa、0.8MPa、1.6MPa、3.2MPa分级施加。两组尾矿的e-lg$P$关系曲线如图4.3所示。两组尾矿的压缩系数和压缩模量见表4.4。从试验结果中可知，两组均属中压缩性。

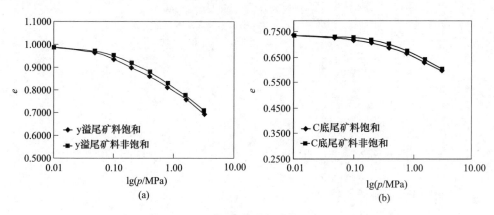

图4.3 两组尾矿的e-lg$p$关系曲线

（a）溢流尾矿；（b）沉砂尾矿

表 4.4 两组尾矿的压缩性指标

尾 矿	状 态	垂直压力 0.1~0.2MPa	
		压缩系数/MPa⁻¹	压缩模量/MPa
溢流尾矿	饱和	0.372	5.35
	非饱和	0.313	6.349
沉砂尾矿	饱和	0.125	13.89
	非饱和	0.0937	18.518

4.3.2 尾矿的渗透性

渗透性关系到尾矿坝的渗透稳定性。试验测试采用变水头法。测试结果见表 4.5。两组尾矿的渗透系数在 $4.0×10^{-4}~8.0×10^{-4}$ cm/s 之间，均为中等透水性。

表 4.5 两组尾矿的渗透系数

尾 矿	渗 透 系 数	
	$K_V/\text{cm} \cdot \text{s}^{-1}$	$K_H/\text{cm} \cdot \text{s}^{-1}$
溢流尾矿	$5.0×10^{-4}$	$4.0×10^{-4}$
沉砂尾矿	$8.0×10^{-4}$	$4.5×10^{-4}$

4.3.3 尾矿砂的抗剪强度特性测试与分析

两组尾矿料的三轴试验采用高压小三轴仪进行，试样直径 $\phi = 3.91$cm，高 $h = 8$cm。根据坝体应力状态，试验最大围压 $\sigma_3 = 2.0$MPa。试验按要求进行了不饱和不固结（UU）剪、饱和固结排水（CD）剪、饱和固结不排水（CU）剪试验。试验成果取峰值或应变 15% 的强度作为破坏标准，绘制摩尔强度包线、应力差与轴应变、体应变的关系曲线及轴应变与孔隙水压力关系曲线。并根据 CD 剪试验成果采用邓肯-张 $E\text{-}\mu$、$E\text{-}B$ 模型计算整理了 8 个参数。两种尾矿的强度指标和邓肯-张模型参数见表 4.6~表 4.9 及图 4.4~图 4.17。

表 4.6 溢流尾矿的强度指标

试样名称	制样标准		试验状态	小主应力 σ_3/kPa	破坏时应力差 $(\sigma_1-\sigma_3)_f$/kPa	破坏时轴应变 ε_1/%	破坏时体应变 ε_v/%	破坏时孔隙水压力 v_i/kPa	破坏有效应力比 σ_1/σ_3
	干密度 /g·cm⁻³	含水率 /%							
溢流尾矿料	1.48	23.8	UU	100	507.402	8.75			6.07
				400	1591.28	7.50			4.98
				800	2141.69	15.00			3.67

试样名称	制样标准		试验状态	小主应力 σ_3/kPa	破坏时应力差 $(\sigma_1-\sigma_3)_f$/kPa	破坏时轴应变 ε_1/%	破坏时体应变 ε_v/%	破坏时孔隙水压力 v_i/kPa	破坏有效应力比 σ_1/σ_3
	干密度/g·cm⁻³	含水率/%							
溢流尾矿料	1.48	23.8	UU	1200	3086.98	15.00			3.57
				2000	5881.07	15.00			3.94
			CD	100	346.359	13.75	4.06		4.47
				400	1271.673	11.25	1.77		4.18
				800	2472.161	13.75	2.39		4.09
				1200	38432.5	12.50	1.25		4.20
				2000	6096.82	15.00	3.54		4.05
			CU	100	459.1811	5.63		17	6.5
				400	1258.95	13.75		30	4.4
				800	2496.17	15.00		56	4.4
				1200	3881.26	13.75		73	4.4
				2000	5862.55	15.00		80	4.1

表 4.7　沉砂尾矿的强度指标

试样名称	制样标准		试验状态	小主应力 σ_3/kPa	破坏时应力差 $(\sigma_1-\sigma_3)_f$/kPa	破坏时轴应变 ε_1/%	破坏时体应变 ε_v/%	破坏时孔隙水压力 v_i/kPa	破坏有效应力比 σ_1/σ_3
	干密度/g·cm⁻³	含水率/%							
沉砂尾矿料	1.78	20.2	UU	100	598.195	4.38			6.98
				400	1502.22	5.00			4.76
				800	2523.98	12.50			4.16
				1200	3618.74	12.50			4.02
				2000	5112.37	15.00			3.56
			CD	100	648.37	13.75	2.91		7.48
				400	1634.98	5.63	2.71		5.09
				800	2414.27	10.00	2.19		4.02
				1200	3746.57	15.00	3.02		4.12
				2000	5400.03	15.00	3.96		3.70
			CU	100	522.521	3.13		15	7.15
				400	1269.42	8.75		40	4.53
				800	2150.93	8.75		50	3.87
				1200	2983.31	10.00		71	3.64
				2000	5262.73	12.50		102	3.77

表 4.8　溢流尾矿的邓肯-张模型参数

试样名称	制样标准 干密度/g·cm⁻³	含水率/%	试验状态	c/kPa	φ/(°)	邓肯-张 $E\text{-}B$、$E\text{-}\mu$ 模型参数 K	n	R_f	K_b	m	D	φ_0	$\Delta\varphi$	G	F
溢流尾矿料	1.48	23.8	UU	$\sigma_3=100\sim2000\text{kPa}$ 80.0	$\sigma_3=100\sim2000\text{kPa}$ 32.5	—	—	—	—	—	—	—	—	—	—
			CD	35.0	36.7	345	0.51	0.76	181	0.36	3.73	41.9	4.20	0.39	0.08
			CU	c/kPa $\sigma_3=100\sim2000\text{kPa}$ 55.0	φ/(°) $\sigma_3=100\sim2000\text{kPa}$ 35.5	c'/kPa $\sigma_3=100\sim2000\text{kPa}$ 63.0	φ'/(°) $\sigma_3=100\sim2000\text{kPa}$ 37.2	—	—	—	—	—	—	—	—

表 4.9　沉砂尾矿的邓肯-张模型参数

试样名称	制样标准 干密度/g·cm⁻³	含水率/%	试验状态	c/kPa	φ/(°)	邓肯-张 $E\text{-}B$、$E\text{-}\mu$ 模型参数 K	n	R_f	K_b	m	D	φ_0	$\Delta\varphi$	G	F
沉砂尾矿料	1.78	20.2	UU	$\sigma_3=100\sim2000\text{kPa}$ 130.0	$\sigma_3=100\sim2000\text{kPa}$ 33.5	—	—	—	—	—	—	—	—	—	—
			CD	125.0	33.9	444.2	0.54	0.79	250	0.26	3.15	49.31	11.56	0.29	0.01
			CU	c/kPa $\sigma_3=100\sim2000\text{kPa}$ 88.0	φ/(°) $\sigma_3=100\sim2000\text{kPa}$ 33.5	c'/kPa $\sigma_3=100\sim2000\text{kPa}$ 75.0	φ'/(°) $\sigma_3=100\sim2000\text{kPa}$ 34.8	—	—	—	—	—	—	—	—

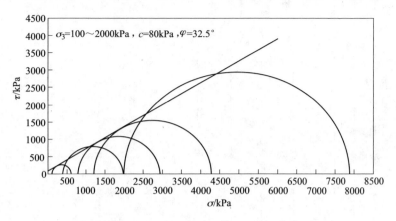

图 4.4 溢流尾矿料 UU 剪 τ-σ 关系曲线

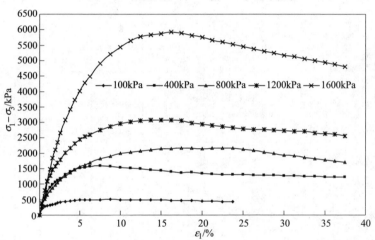

图 4.5 溢流尾矿料 UU 剪 $(\sigma_1-\sigma_3)$-ε_1 关系曲线

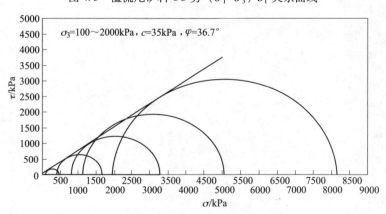

图 4.6 溢流尾矿料 CD 剪 τ-σ 关系曲线

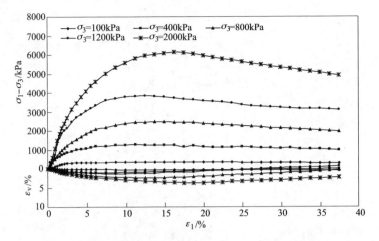

图 4.7 溢流尾矿料 CD 剪 ε_1-$(\sigma_1-\sigma_3)$-ε_v关系曲线

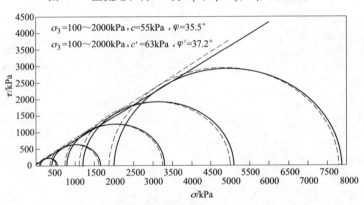

图 4.8 溢流尾矿料 CU 剪 τ-σ 关系曲线

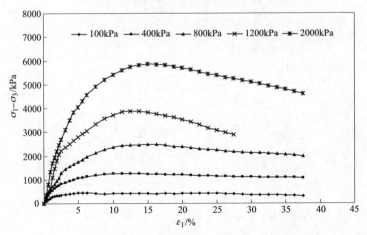

图 4.9 溢流尾矿料 CU 剪 ε_1-$(\sigma_1-\sigma_3)$ 关系曲线

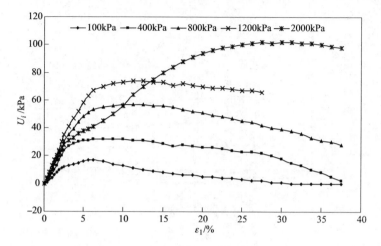

图 4.10   溢流尾矿料 CU 剪 ε_1-U_i 关系曲线

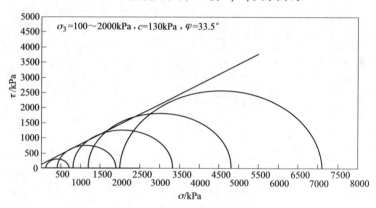

图 4.11   沉砂尾矿料 UU 剪 τ-σ 关系曲线

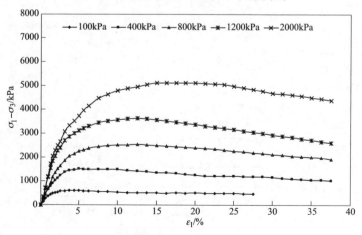

图 4.12   沉砂尾矿料 UU 剪 $(\sigma_1-\sigma_3)$-ε_1 关系曲线

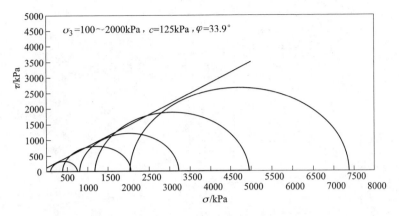

图 4.13　沉砂尾矿料 CD 剪 τ-σ 关系曲线

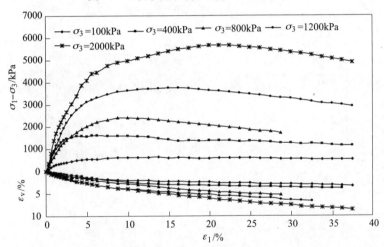

图 4.14　沉砂尾矿料 CD 剪 ε_1-$(\sigma_1-\sigma_3)$-ε_v 关系曲线

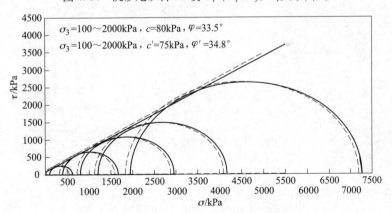

图 4.15　沉砂尾矿料 CU 剪 τ-σ 关系曲线

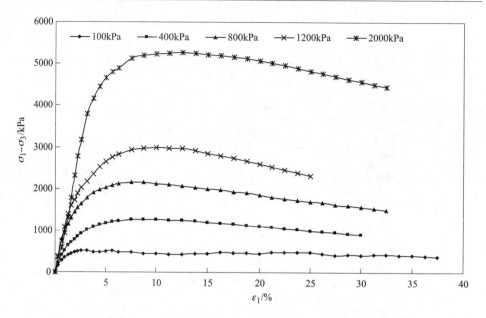

图 4.16　沉砂尾矿料 CU 剪 ε_1-$(\sigma_1-\sigma_3)$ 关系曲线

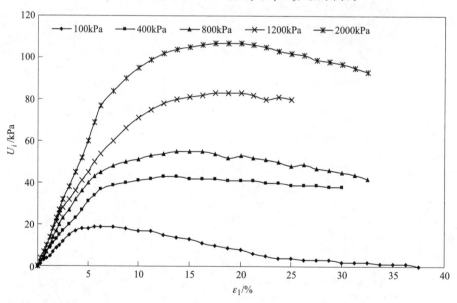

图 4.17　沉砂尾矿料 CU 剪 ε_1-U_i 关系曲线

4.3.3.1　不饱和不固结 (UU) 剪

尾矿料的强度，溢流尾矿 $c_u = 80.0\text{kPa}$，$\varphi_u = 32.5°$；沉砂 $c_u = 130.0\text{kPa}$，$\varphi_u = 33.5°$。

4.3.3.2 饱和固结排水（CD）剪

尾矿料的 CD 剪得出了各组的强度值，并按邓肯-张 E-B、E-μ 模型提出相应的模型参数。

土体的破坏强度一般采用如下的摩尔-库仑强度理论：

$$(\sigma_1 - \sigma_3)_f = \frac{2c\cos\varphi + 2\sigma_3\sin\varphi}{1 - \sin\varphi} \tag{4.1}$$

根据邓肯等人研究指出，土体的应力-应变曲线可描述成双曲线型，即：

$$\sigma_1 - \sigma_3 = \frac{\varepsilon}{\dfrac{1}{E_i} + \dfrac{\varepsilon}{(\sigma_1 - \sigma_3)_{ult}}} \tag{4.2}$$

式中，E_i 为初始切向弹性模量；$(\sigma_1 - \sigma_3)_{ult}$ 为应力差的渐近值。

E_i 和 $(\sigma_1 - \sigma_3)_{ult}$ 值随侧压力 σ_3 而变化，Janbu 建议用式（4.3）表示：

$$E_i = KP_a\left(\frac{\sigma_3}{P_a}\right)^n \tag{4.3}$$

由于应力应变曲线的瞬时斜率即是切向弹性模量 E_t，最后可得下式：

$$E_t = KP_a\left(\frac{\sigma_3}{P_a}\right)^n\left[1 - \frac{R_f(1 - \sin\varphi)(\sigma_1 - \sigma_3)}{2c\cos\varphi + 2\sigma_3\sin\varphi}\right]^2 \tag{4.4}$$

切线泊松比的表达式为：

$$\mu = \frac{G - F \cdot \log\left(\dfrac{\sigma_3}{P_a}\right)}{\left\{1 - \dfrac{D(\sigma_1 - \sigma_3)}{KP_a\left(\dfrac{\sigma_3}{P_a}\right)^n\left[1 - \dfrac{R_f(1 - \sin\varphi)(\sigma_1 - \sigma_3)}{2c\cos\varphi + 2\sigma_3\sin\varphi}\right]}\right\}^2} \tag{4.4}$$

而切线体积弹性模量 B_t 随侧限压力的变化可表示成：

$$B_t = K_bP_a\left(\frac{\sigma_3}{P_a}\right)^m$$

式中，K、n、R_f、K_b、m、φ_0、$\Delta\varphi$、c、D、G、F 即为邓肯-张 E-B、E-μ 模型参数值，可通过常规三轴 CD 剪试验求得。根据邓肯-张建议，本次试验取应力-应变关系曲线上应力水平 70%~95%段计算整理各模型参数。

CD 剪成果得：溢流尾矿的 $c = 35.0$ kPa，$\varphi = 36.7°$；相应的模型参数 $K = 318.2$、$n = 0.54$、$K_b = 206.8$、$m = 0.30$。沉砂 $c = 125$ kPa，$\varphi = 33.9°$；相应的模型参数 $K = 444.2$、$n = 0.54$、$K_b = 326.9$、$m = 0.26$。相应各参数沉砂较溢流尾矿大。

4.3.3.3　饱和固结不排水测孔隙水压力（CU）剪

总强度及有效强度溢流尾矿料的总强度 $c = 55.0\text{kPa}$，$\varphi = 35.5°$，有效强度 $c' = 63.0\text{kPa}$，$\varphi' = 37.2°$。沉砂的总强度 $c = 80.0\text{kPa}$，$\varphi = 33.5°$，有效强度 $c' = 75.0\text{kPa}$，$\varphi' = 34.8°$。

三轴成果表明：两料 UU、CU 剪结果相差不大，CD 剪成果所得 8 个参数中沉砂料较溢流尾矿料参数大。CU 剪两料的总强度与有效强度相差不大，这可能与尾矿料的排水较好有关。

4.4　本章小结

通过现场取样，室内土工试验测试，获得了大红山龙都尾矿库中线法堆坝的两组尾矿的物理力学性质指标，这些成果不仅可为该尾矿库坝体稳定性分析提供基础资料，也丰富了尾矿材料方面的土力学性质知识，可以为类似的尾矿库工程所借鉴。

5 非饱和尾矿抗剪强度影响
因素的试验研究

‹‹‹

5.1 概述

尾矿是一种矿渣，它以浆状形式排出，储存在尾矿库内，尾矿库是一种特殊的工业建筑物，是矿山三大控制性质工程之一[51]。它的运营好坏，不仅影响到一个矿山企业的经济效益，而且与库区下游居民的生命财产安全问题及周边环境息息相关[3]。尾矿库一旦失事，将会造成十分严重的后果[52~55]。

尾矿坝是尾矿库的主要构筑物，它是用以拦截尾矿而修筑的人工坝体，其稳定性决定了尾矿库的安危。而用于堆筑尾矿坝的尾矿材料抗剪强度与坝体的稳定性息息相关[47]。筑坝尾矿材料在进行筑坝及排水处理以后，一般呈非饱和状态，而影响其抗剪强度的因素较多，但很多学者认为主要因素有尾矿颗粒的形状、大小及级配、含水量、干密度等。

各种尾矿都具有一定的内聚力，而它们的内聚力总的来说都比较小[8]。尾矿颗粒越不规则，粒径越小，其内聚力越大[56]。尾矿的颗粒形状和级配变化对内摩擦角也有重要影响[57]，尾矿颗粒越粗、形状越不规则，其内摩擦角越大[28]。尾矿干密度、含水量与中值粒径具有很好的线性相关性，中值粒径越大，尾矿的干密度越大，含水量越小[7]。而水是影响尾矿坝稳定性等方面的最大外因[14]：水的毛细作用对尾矿坝稳定性影响显著[58]，而洪水是引起的尾矿库溃坝的主要因素[59]。尾矿的抗剪强度、渗透性与孔隙比的关系密切，孔隙比和相对密度对尾矿材料内摩擦角影响较大，且表现为线性相关[57]，孔隙比越小、相对密度越大，尾矿的内摩擦角越大。而对于同一尾矿，干密度与孔隙比、相对密度具有等价关系。作者查阅众多文献，前人的成果多是以饱和尾矿材料作为对象进行研究，尾矿坝筑坝材料是一种扰动非饱和尾矿，而关于非饱和尾矿材料的影响因素的研究还鲜见报道。

本章以铜厂尾矿为研究对象，利用非饱和土室内土工试验，就尾矿颗粒中值粒径、含水量、干密度对非饱和尾矿抗剪强度的影响进行了系统研究，为尾矿库安全管理及稳定性评价提供技术支撑。

5.2　试验材料与方法

5.2.1　试验材料及试样制备

试验研究采用的尾矿来自铜厂尾矿库，其尾矿颗粒组成如图 5.1 所示，主要物理性质指标见表 5.1。

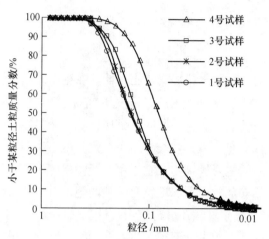

图 5.1　尾矿的颗粒分布

表 5.1　尾矿的主要物理性质指标

试样编号	比重 G_s	塑限 w_p/%	液限 w_1/%	塑性指数 I_P	D_{50}/μm	C_u	C_c
1 号	3.57	16.9	23.3	6.4	83.22	2.84	1.15
2 号	3.56	17.2	23.8	6.6	131.1	2.85	1.18
3 号	3.55	17.5	24.6	7.1	146.9	2.89	1.16
4 号	3.49	17.6	25.5	7.9	149.9	2.91	1.12

尾矿通过自然沉积、堆积形成尾矿坝（上游法）。根据水力运送尾矿过程中的沉积作用，由坝坡往库区尾矿粒径由粗逐渐变细；坝体由上往下，尾矿含水量及干密度逐渐增大。根据现场取样并测试：各组尾矿样的 C_u 和 C_c 值相差不大，说明通过自然沉积过程后，尾矿样不均匀系数和曲率系数受采集位置的影响较小。而中值粒径相差较大，水力运送尾矿过程中的沉积作用主要是将细颗粒尾矿运送到库区，而粗粒尾矿沉积到离坝坡较近的位置。因此，研究尾矿颗粒组成因素采用中值粒径指标，采集的 1～4 号尾矿中值粒径分别为 83.23μm、131.1μm、146.9μm、149.9μm。根据不同埋深测得 4 组非饱和尾矿的含水量分别为 12%、15%、18%、21%；而干密度分别为 1.5g/cm³、1.54g/cm³、1.59g/cm³、1.64g/cm³。

按照土工试验规程[60]，采用重锤击实法制作试样，试样为圆柱形，直径 $d=$

3.91cm，高 h = 8.0cm。

颗粒组成因素试验的试样按含水量 18%、干密度 1.59g/cm³，制备 4 组不同中值粒径，每组 3 个，共 12 个试样；含水量因素试验的试样采用 2 号尾矿，干密度 1.59g/cm³ 制备 4 组不同含水量，每组 3 个，共 12 个试样；干密度因素试验的试样采用 2 号尾矿，含水量 18%制备 4 组不同密度，每组 3 个，共 12 个试样。

5.2.2 试验设备与方法

根据凌华[61]所用的非饱和土的强度试验方法，对由南京土壤仪器厂制造的 TSZ30-2.0 型应变控制式三轴剪力仪进行改装，试验仪器如图 5.2 所示。

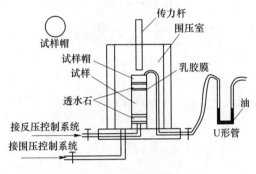

图 5.2 三轴仪简图

H. Rahardjo[62]指出，对于大部分非饱和土土体，气压消散几乎是瞬时完成的。尾矿坝筑坝施工期间，孔隙气压是能够迅速消散的，而水压的消散却比较缓慢。因此，试验中要求气压消散，并保持含水量不变。

试样安装由下至上的次序为：透水石、滤纸、试样、滤纸、透水石、试样帽，装样前打开底座的阀门，并依次放入透水石和滤纸，排除气泡，试验中应始终打开与试样帽连接的排气阀门。

试验过程中降低与排气阀门连接的 U 形管的右端位置，维持 U 形管两端油液面相齐平，就保证孔隙气压力与大气压力的平衡，控制孔隙气压力为 0。另外，U 形管内的油，也可防止试样水分的散发。

对于饱和度不太高的非饱和尾矿，采取上述试验方法，试验能达到气压消散和含水量不变的要求。对于饱和度太高的非饱和尾矿，气和水同时排出尾矿，气压和水压的消散速度相差不大，保持含水量不变和保证气压消散这两者不能同时满足。因此，本书研究的含水量最高取为 21%，即能适合采用本书所述的方法。

该尾矿库为上游法堆筑，根据尾矿坝堆积过程及承受荷载状况，采用如上所述常含水量三轴剪切试验，试验前不进行试样的固结。试验侧向应力分别为 100kPa、200kPa、300kPa，试验剪切速率为 0.032mm/min。

5.3　试验结果与分析

5.3.1　试验数据的处理

采用上述试验设备及方法进行试验，试验中测试主应力差（$\sigma_1 - \sigma_3$）、轴向应变 ε、孔隙水压力 u_ω，试验结果见表 5.2。本书根据 Fredlund 非饱和土的双应力变量强度公式[63]（见式（5.1））计算非饱和尾矿的强度参数 c、φ。

$$\tau_f = c + (\sigma - u_a)\tan\varphi + (u_a - u_\omega)\tan\varphi^b \tag{5.1}$$

式中，c 为内聚力；$\sigma - u_a$ 为净正压力；u_a 为隙气压；φ 为内摩擦角；$u_a - u_\omega$ 为基质吸力；φ^b 为强度随基质吸力变化的摩擦角。

法向应力 σ、剪应力 τ_f 由式（5.2）求得：

$$\begin{cases} \sigma = \dfrac{1}{2}(\sigma_1 + \sigma_3) - \dfrac{1}{2}(\sigma_1 - \sigma_3)\sin\varphi \\[2mm] \tau_f = \dfrac{1}{2}(\sigma_1 - \sigma_3)\cos\varphi \end{cases} \tag{5.2}$$

式中，σ_1 为第一主应力；σ_3 为第三主应力，即侧向应力。

试验侧向应力分别为 100kPa、200kPa、300kPa。根据试验结果，计算得到的 3 组数据分别为 τ_f'、σ'、u_a'、u_ω'；τ_f''、σ''、u_a''、u_ω''；τ_f'''、σ'''、u_a'''、u_ω'''。代入公式（5.1）略去 $\tan\varphi^b$，整理得到：

$$\begin{cases} \tau_f'' = c + (\sigma'' - u_a'')\tan\varphi + (u_a'' - u_\omega'')\dfrac{\tau_f' - c - (\sigma' - u_a')\tan\varphi}{u_a' - u_\omega'} \\[3mm] \tau_f''' = c + (\sigma''' - u_a''')\tan\varphi + (u_a''' - u_\omega''')\dfrac{\tau_f' - c - (\sigma' - u_a')\tan\varphi}{u_a' - u_\omega'} \end{cases} \tag{5.3}$$

利用式（5.3）即可计算得到非饱和尾矿的强度参数 c、φ，计算结果见表 5.2（本试验中，孔隙气压力为 0，因此，基质吸力为 $-u_\omega$）。

表 5.2　试验结果

影响因素		周围压力 σ_3/kPa	主应力差 $\sigma_1 - \sigma_3$/kPa	孔隙水压力 u_ω/kPa	内聚力 c/kPa	内摩擦角 φ/(°)
中值粒径 /μm	83.23	100	350.95	27.4	20.99	32.61
		200	602.6	39.5		
		300	852.32	50.3		
	131.1	100	344.98	25.7	14.46	34.01
		200	612.72	35.4		
		300	883.45	47.2		

影响因素		周围压力 σ_3/kPa	主应力差 $\sigma_1-\sigma_3$/kPa	孔隙水压力 u_ω/kPa	内聚力 c/kPa	内摩擦角 φ/(°)
中值粒径 /μm	146.9	100	320.67	22.6	8.37	35.09
		200	600.03	33.8		
		300	878.52	43.9		
	149.9	100	305.9	21.3	5.43	35.92
		200	590.07	29.9		
		300	874.33	40.7		
含水量/%	12	100	336.5	22.1	12.5	34.7
		200	608.14	28.7		
		300	891.94	46.3		
	15	100	341.2	23.5	14.7	34.31
		200	604.08	30.1		
		300	883.16	48.6		
	18	100	344.97	22.9	19.4	34.18
		200	615.35	31.4		
		300	885.68	49.1		
	21	100	328.1	23.9	5.7	33.81
		200	620.4	33.1		
		300	920.85	51.2		
干密度 /g·cm⁻³	1.5	100	262.3	20.5	0.56	33.92
		200	519.32	32.5		
		300	775.82	43.1		
	1.54	100	296.6	23.9	3.12	34.41
		200	549.89	31.1		
		300	820.89	47.6		
	1.59	100	322.7	25.8	8.96	34.62
		200	593.71	33.8		
		300	866.78	43.9		
	1.64	100	341.3	27.6	13.8	34.95
		200	617.91	39.1		
		300	891.24	46.1		

5.3.2 尾矿中值粒径与抗剪强度的关系

以中值粒径为横坐标,尾矿抗剪强度为纵坐标绘制得到的非饱和尾矿中值粒径与抗剪强度参数的关系如图 5.3 所示。

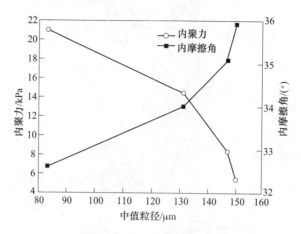

图 5.3　尾矿中值粒径与抗剪强度参数的关系

从图 5.3 中可以看出，随着中值粒径的增加，内聚力会减小，而内摩擦角会增大，这与其他学者[28,56,57]研究得到的饱和状况下尾矿抗剪强度随颗粒大小影响规律基本相同。尾矿的内聚力由原始内聚力、固化内聚力及毛细内聚力组成。原始内聚力主要是由于颗粒间水膜受到相邻颗粒之间的电分子引力而形成；固化内聚力是由于尾矿中化合物的胶结作用而形成。筑坝过程使得尾矿材料的结构被破坏，固化内聚力随之丧失，且不能恢复；而毛细内聚力是由毛细压力所引起的，一般可忽略不计。用作试验的尾矿试件为人工配置的扰动土，与筑坝尾矿材料相同，尾矿的内聚力主要为原始内聚力。尾矿颗粒越粗，颗粒数量越少，相邻颗粒之间距离越大，则颗粒间水膜受到相邻颗粒之间的电分子引力就越小，内聚力也就越小。内摩擦角主要是由内摩阻力计算得到的，内摩阻力越大，内摩擦角就越大。而内摩阻力包括颗粒之间的表面摩擦力和由颗粒之间的连锁作用而产生的咬合力。尾矿颗粒越粗，颗粒间表面越粗糙，剪切过程中，表面摩擦力也就越大，而颗粒之间的连锁作用而产生的咬合力力越大，因此内摩擦角也就越大。

从图 5.3 中还可以看出，尾矿强度参数与中值粒径并非简单的线性关系，进行坐标变换可以发现两者数据具有显著的指数关系。以此，进行回归分析，拟合得到非饱和尾矿的抗剪强度参数与中值粒径的关系见式（5.4）。

$$\begin{cases} c = 22 - 0.0321 \mathrm{e}^{0.0415 d_{50}}, R^2 = 0.9994 \\ \varphi = 32 + 0.0647 \mathrm{e}^{0.0267 d_{50}}, R^2 = 0.9912 \end{cases} \tag{5.4}$$

5.3.3　尾矿含水量与抗剪强度的关系

以含水量为横坐标，尾矿抗剪强度为纵坐标绘制得到的非饱和尾矿含水量与抗剪强度参数的关系如图 5.4 所示。

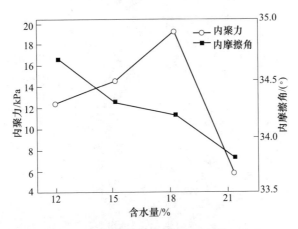

图 5.4　尾矿含水量与抗剪强度参数的关系

从图 5.4 可以看出，含水量为 12%～18%时，内聚力随着含水量的增加而增大；而在 18%～21%时，内聚力随含水量的增加而降低。内摩擦角在 4 种含水量下相差不大，随着含水量的增加略微降低。这可能是因为当尾矿含水量增加，颗粒间水膜层逐渐扩散，增加了颗粒间原始内聚力，而颗粒间毛细内聚力也会有所增加，因此在低于一定含水量时（该尾矿为低于 18%），随着尾矿含水量的增加，内聚力增大。当含水量到达一定值（18%）后，颗粒间水膜全部贯通，继续增加含水量，水膜增厚，增厚的水膜并不能增加颗粒间的电分子引力，反而会使这种引力降低，因此内聚力明显降低。而内摩擦角主要与尾矿内摩阻力有关，即由尾矿表面摩擦力及颗粒间连锁作用而产生的咬合力决定的，而虽然随着含水量的增加，但水对颗粒间相互滑动起到一定的润滑作用，从而使内摩擦角的降低。

从以上分析可知，含水量的变化对非饱和尾矿抗剪强度影响显著，但这种变化趋势与其他土质[61,64]具有明显的区别，这可能是因为筑坝尾矿材料是一种扰动沙质土，其差别主要是由于筑坝过程中破坏了固化内聚力引起的。

为建立非饱和尾矿含水量与其抗剪强度的关系，根据以上分析，宜采用指数函数进行拟合，拟合得到非饱和尾矿抗剪强度参数与含水量的关系见式（5.5）。

$$
\begin{cases}
c = \begin{cases} 12 + 0.0026\mathrm{e}^{0.4491\omega}, & \omega \leqslant 18\% \\ 3.1 + 989631\mathrm{e}^{-0.6119\omega}, & \omega > 18\% \end{cases}, R^2 = 0.9793 \\
\varphi = -0.0458\omega + 35.012, R^2 = 0.9903
\end{cases}
\tag{5.5}
$$

5.3.4　尾矿密度与抗剪强度的关系

以干密度为横坐标，尾矿抗剪强度为纵坐标绘制得到的非饱和尾矿干密度与抗剪强度参数的关系如图 5.5 所示。

非饱和尾矿抗剪强度参数受干密度影响变化规律相对单一，随着干密度的增

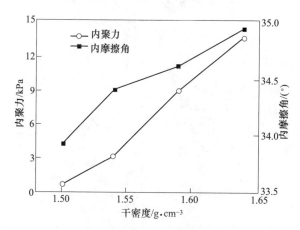

图 5.5　非饱和尾矿密度与抗剪强度参数的关系

加，内聚力和内摩擦角均增大。这是因为非饱和尾矿越密实，孔隙率越小，颗粒间的距离越小，颗粒间水膜受到相邻颗粒之间的电分子引力越大，原始内聚力越大，因此内聚力也就越大。而随着非饱和尾矿干密度的增加，颗粒间接触面增大，以致表面摩擦力增大，而非饱和尾矿颗粒间咬合力也随之增加，因此内摩擦角增大。并且，非饱和尾矿的内聚力和内摩擦角随密度的增加呈线性增长的规律。对其进行回归分析，非饱和尾矿抗剪强度参数与干密度的关系见式（5.6）。

$$\begin{cases} c = 97.381\rho - 146.04, R^2 = 0.9908 \\ \varphi = 6.9481\rho + 23.584, R^2 = 0.9566 \end{cases} \tag{5.6}$$

5.4　本章小结

通过室内土工试验，对影响非饱和尾矿抗剪强度的中值粒径、含水量和干密度三种因素进行了试验研究，结果表明：

（1）随着尾矿颗粒中值粒径的增大，非饱和尾矿内聚力会减小，内摩擦角会增大，其变化规律呈指数关系。

（2）非饱和尾矿含水量在 12%~18% 时，内聚力值随着含水量的增加而增大；非饱和尾矿含水量为 18%~21% 时，内聚力随含水量的增加而降低。非饱和尾矿内聚力随含水量的变化规律为两个单调相反的指数关系式。内摩擦角在 4 种含水量下相差不大，但随着含水量的增大呈线性降低的趋势。

（3）非饱和尾矿抗剪强度参数受密度变化影响的规律相对单一，随着干密度的增加，内聚力和内摩擦角均增大，且具有较好的线性关系。

6 混合式尾矿堆积坝坝体渗流场分析

6.1 概述

众所周知，尾矿坝的浸润线是尾矿库的生命线，它直接影响到坝体的安全[65~67]。在尾矿库的日常生产管理中，尾矿坝的地下水位监测非常重要[68]。

尽管都是坝工结构，但普通水库坝与尾矿坝的渗流边界条件相比，有些明显的差异（见图6.1）[69]。普通水坝初始入渗面的等势线近似呈垂直方向（见图6.1（a）），相对应于上游坝坡，流线基本呈水平。而尾矿坝的渗流边界与堆坝方式有关，比如，上游法尾矿坝的渗流边界条件，相对于沉积滩面的平缓坡度，初始入渗面的等势线基本上是水平的，因此，流线在最初是近似垂直向下。如果坝体中存在低渗透性的尾矿泥，那么会产生很大的水头损失。尽管渗流水平方向是向坝外坡面，而形成的地下水位线可能明显缓于普通水坝边界条件所引起的水位线（见图6.1（b））。

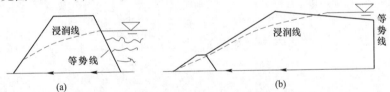

图6.1　普通水坝与上游法尾矿坝渗流边界条件的对比
(a) 水坝；(b) 尾矿坝

影响尾矿坝地下水位埋深的主要因素有尾矿库地基、尾矿沉积层的渗透性、颗粒分级程度以及库内水位高低以及干滩面长度等。如果地下水位埋深较浅时，则地下水有可能从坝坡面逸出，使坝坡面出现沼泽化或管涌，严重的会危及坝体的稳定性，极端情况下，可造成溃坝。许多尾矿坝破坏实例证明，大都溃坝事故是因库内水位过高，干滩面长度太小，使得坝体地下水位埋深很浅造成的。尾矿库工程的地下渗流场成为控制坝坡稳定的决定性因素。因此，尾矿库地下渗流场的计算分析是尾矿库工程研究的关键性问题之一，对尾矿库（坝）工程设计和生产管理都非常重要。对于已建成并投入使用的尾矿库可以通过地下水位监测来获取地下渗流场的情况，而处于设计阶段的尾矿库（坝）没有实测资料，一般是借助于模型实验或计算机模拟来获取。由于计算机模拟比较方便，因此，通常借助于计算机来模拟尾矿库（坝）地下渗流场。

6.2　地下渗流场有限元计算原理

6.2.1　基本原理

如图6.2所示，设 Ω 为渗流区域中任一单元体积，按照质量守恒原理，在 Δt 时间内，进入单元体积的净流量与体积流量（在渗流场中补给源为正值，排泄为负值）的代数和，应等于同一期间内单元体积的质量变化[6]。

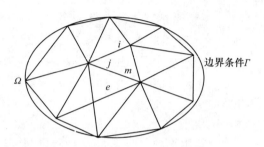

图6.2　渗流有限元网格划分及边界条件示意图

假设水是不可压缩的，即密度 ρ 为常数。比流量矢量 q 与密度 ρ 的乘积称为质量通量，记作 J，即：

$$J = \rho q \qquad (6.1)$$

同时，质量通量 J 应等于这个单元中单位时间内源、汇产生或吸收的质量 W，即：

$$\mathrm{div} J = W \qquad (6.2)$$

这就是流体的质量守恒方程。若单元体积内不发生源汇，即 $W=0$，则：

$$\mathrm{div} q = 0 \qquad (6.3)$$

这是整个流体体系的质量守恒方程，即连续性方程。

各向同性介质的渗透系数是一个表示多孔介质输送流体能力的标量。此时不可压缩流体的三维运动的 Darcy 定律为：

$$\begin{cases} q_x = KI_x = -K\dfrac{\partial H}{\partial x} \\[2mm] q_y = KI_y = -K\dfrac{\partial H}{\partial y} \\[2mm] q_z = KI_z = -K\dfrac{\partial H}{\partial z} \end{cases} \qquad (6.4)$$

对于各向异性介质，渗透系数用张量表示，则三维情况下：

$$\boldsymbol{K} = \begin{bmatrix} K_{xx} & K_{xy} & K_{xz} \\ K_{yx} & K_{yy} & K_{yz} \\ K_{zx} & K_{zy} & K_{zz} \end{bmatrix} \tag{6.5}$$

那么，Darcy 定律的表达为：

$$\boldsymbol{q} = \boldsymbol{K} \cdot I \tag{6.6}$$

根据连续性方程式（6.3）及 Darcy 定律，可以得出：

$$\mathrm{div}q = \mathrm{div}(\mathbf{grad}H) = 0 \tag{6.7}$$

即：

$$\Delta H = \nabla^2 H = \frac{\partial^2 H}{\partial x^2} + \frac{\partial^2 H}{\partial y^2} + \frac{\partial^2 H}{\partial z^2} = 0 \tag{6.8}$$

此乃 Laplace 方程，亦称不可压缩流体运动的微分方程，它描述均质各向同性的不变形介质中不可压缩流体渗流场中水头的分布 $H = H(x, y, z, t)$。它对于稳定流动和不可压缩流体的非稳定流动都适用。满足 Laplace 方程的非稳定流动是由于随时间变化和边界条件引起的。

任何偏微分方程都有无穷多个解。要从众多可能解中得到所研究问题的解，除微分方程外，还要提供求解条件，包括初始条件和边界条件。

（1）初始条件，是指渗流过程开始的某一特定时刻研究区域上的所有点必须满足的初始条件。

例如必须给出初始时刻区域内的水头分布。设水头 $H = H(x, y, z, t)$，初始条件的表达式一般如下：

$$H(x, y, z, t) = H_0(x, y, z), \ x, y, z \in \Omega \tag{6.9}$$

式中，H_0 为已知函数；Ω 为渗流区域。

（2）边界条件：

1）第一类边界条件为已知水头的边界条件，在边界的所有点上水头是给定的，例如：

$$H(x, y, z) = H_b(x, y, z), \ (x, y, z) \in s \tag{6.10}$$

$$H(x, y, z, t) = H_b(x, y, z, t), \ (x, y, z) \in s \tag{6.11}$$

式中，s 为三维区域的边界曲面。

2）第二类边界条件为已知通量的边界条件，即垂直于边界面的流量给定，一般有：

$$q_n = \boldsymbol{q} \cdot \boldsymbol{n} = - q_b(x, y, z), \ (x, y, z) \in s \tag{6.12}$$

或

$$q_n = \boldsymbol{q} \cdot \boldsymbol{n} = - q_b(x, y, z, t), \ (x, y, z) \in s \tag{6.13}$$

式中，q_b 为边界面上沿法线方向的单位面积流入量；n 为边界外法线的单位矢量。

3）第三类边界条件为水头和水头的法向导数的组合在边界上为已知，即：

$$\frac{\partial H}{\partial n} + \lambda(x,y,z)H = f(x,y,z), \ (x,y,z) \in s \tag{6.14}$$

式中，λ、f 均为已知函数，λ 称为变换系数。

6.2.2　二维渗流有限元法

首先，根据渗流运动微分方程与边界条件约束建立二维数学模型：

$$\begin{cases} \dfrac{\partial}{\partial x}\left(T\dfrac{\partial H}{\partial x}\right) + \dfrac{\partial}{\partial y}\left(T\dfrac{\partial H}{\partial y}\right) = 0, & \text{在 } \Omega \text{ 内} \\[2mm] H = H_{\mathrm{b}}(x,y), & \text{在 } \Gamma_1 \text{ 上} \\[2mm] T\dfrac{\partial H}{\partial x}\cos(n,x) + T\dfrac{\partial H}{\partial y}\cos(n,y) = q, & \text{在 } \Gamma_2 \text{ 上} \end{cases} \tag{6.15}$$

式中，Ω 为计算区域；Γ_1 为第一类边界；Γ_2 为第二类边界；H_{b} 为第一类边界上的已知水头；n 为第二类边界的外法线方向；q 为第二类边界上法向单宽流量，流入为正，流出为负。

通常采用伽辽金加权剩余法进行求解。设 $\widehat{H}(x,y)$ 为区域 Ω 上地下水头的初始解。

$$\widehat{H}(x,y) = \sum_{L=1}^{n^e} N_L H_L \tag{6.16}$$

式中，N_L 为在单元 e 上分片定义的基函数；H_L 为单元节点上的水头值；n^e 为单元结点数目。

令基函数为权函数，代入试函数 $\widehat{H}$。令权剩余为零，则权剩余方程为：

$$\int_{\Omega} N_L(L(\widehat{H} - f)\,\mathrm{d}\Omega = \sum_{e=1}^{M}\int \Omega_e N_L(L(\widehat{H}) - f)\,\mathrm{d}\Omega = 0 \tag{6.17}$$

式（6.17）把权剩余在整个区域上的积分，化为在各个单元上的积分，然后求和，这样得到一个线性方程组，求解此线性方程组，便可得到各节点的水头值。

（1）基函数。三角形单元节点 i，j，m 按逆时针编号，则：

$$\widehat{H}(x,y) = \frac{1}{2A}\big[(a_i + b_i x + c_i y)H_i + (a_j + b_j x + c_j y)H_j + (a_m + b_m x + c_m y)H_m\big]$$

$$N_i H_i + N_j H_j + N_m H_m \tag{6.18}$$

于是，三角形单元基函数表达式为：

$$N_L = \frac{1}{2A}(a_L + b_L x + c_L y), \ L = i,j,m \tag{6.19}$$

（2）渗透矩阵。由上面给出的基函数，试函数的表达式为：

$$\widehat{H} = \sum_{i=1}^{n^e} N_L H_L = N_i H_i + N_j H_j + N_m H_m \qquad (6.20)$$

权剩余方程为：

$$\iint_\Omega N_L \left[\frac{\partial}{\partial x}\left(T\frac{\partial \widehat{H}}{\partial x} \right) + \frac{\partial}{\partial y}\left(T\frac{\partial \widehat{H}}{\partial y} \right) \right] dxdy = 0, \quad L = 1,2,\cdots,n \qquad (6.21)$$

对上式进行分部积分，并应用格林公式，得：

$$\int_{\Gamma_2} N_L q ds - \iint_{DL} \left(T\frac{\partial \widehat{H}}{\partial x}\frac{\partial N_L}{\partial x} + T\frac{\partial \widehat{H}}{\partial y}\frac{\partial N_L}{\partial y} \right) dxdy = 0 \qquad (6.22)$$

对于每一个单元，有：

$$Q_L^e = \iint_\Omega \left(T^e \frac{\partial \widehat{H}}{\partial x}\frac{\partial N_L}{\partial x} + T^e \frac{\partial \widehat{H}}{\partial y}\frac{\partial N_L}{\partial y} \right) dxdy - \int_{\Gamma_2} e N_L ds \qquad (6.23)$$

根据式（6.18）和式（6.23）易于导出：

$$\frac{\partial \widehat{H}}{\partial x} = \frac{1}{2A}(b_i H_i + b_j H_j + b_m H_m) \qquad (6.24)$$

$$\frac{\partial \widehat{H}}{\partial y} = \frac{1}{2A}(c_i H_i + c_j H_j + c_m H_m) \qquad (6.25)$$

$$\frac{\partial N_L}{\partial x} = \frac{b_L}{2A}, \frac{\partial N_L}{\partial y} = \frac{c_L}{2A}, L = i,j,m \qquad (6.26)$$

联合上式，整理得如下矩阵方程：

$$\begin{bmatrix} Q_i^e \\ Q_j^e \\ Q_m^e \end{bmatrix} = \frac{T^e}{4A} \begin{bmatrix} b_i b_i + c_i c_i & b_i b_i + c_i c_j & b_i b_m + c_i c_m \\ b_j b_i + c_j c_i & b_j b_j + c_j c_j & b_j b_m + c_j c_m \\ b_m b_i + c_m c_i & b_m b_j + c_m c_j & b_m b_m + c_m c_m \end{bmatrix} \begin{bmatrix} H_i \\ H_j \\ H_m \end{bmatrix} - \begin{bmatrix} F_i \\ F_j \\ F_m \end{bmatrix} \qquad (6.27)$$

式（6.27）可记为：

$$\boldsymbol{Q}^e = \boldsymbol{G}^e \boldsymbol{H}^e - \boldsymbol{F}^e \qquad (6.28)$$

式中，$\boldsymbol{G}^e$ 为单元渗透矩阵。

由于区域 Ω 是由 M 个单元组成，现将各单元渗透矩阵集合起来，得到总渗透矩阵。式（6.28）又可写作：

$$\boldsymbol{GH} = \boldsymbol{F} \qquad (6.29)$$

（3）边界条件。在第一类边界上的节点，水头 $\boldsymbol{H}$ 是给定的，无须计算。在第二类边界上的节点将与节点 L 有关的单元 e 的列向量 $\boldsymbol{F}$ 作如下处理：

$$F_L^e = \int_{\Gamma_2^e} q N_L ds \qquad (6.30)$$

对于二维渗流情况：

$$q = T\frac{\partial H}{\partial x}\cos(n,x) + T\frac{\partial H}{\partial y}\cos(n,y) \qquad (6.31)$$

6.3　数值计算软件 ANSYS 简介

ANSYS 软件是美国 ANSYS 公司于 1970 年开发的利用计算机模拟工程的大型通用有限元商用软件。目前国内许多行业都在利用该软件进行研究与工程分析。该软件表面显示不出任何与有限元有关的术语，所有的操作都是针对图形进行的。该软件前后处理功能非常强大，系统能按输入的宏观条件自动生成各种有限元数据并进行分析，同时，以图形方式显示各种计算结果，一目了然。它具备一般施工所需要的分析功能。

由于基本方程及定解条件相同，通常利用 ANSYS 软件的温度场分析功能应用于渗流场的分析，并采用死活单元技术，通过迭代算法同样可以计算自由水面位置（浸润线）等地下渗流，并可以分析下列情况：

（1）稳定与非稳定分析、饱和与非饱和分析、地表降水分析、变动水头问题分析等。

（2）可以快速进行大容量分析，适于江河堤坝、水利工程、工民建筑等基础设施建设过程中的排水、降水分析。

6.4　混合式堆积尾矿坝渗流场的计算与结果分析

6.4.1　计算剖面的选择

根据大红山龙都尾矿库的平面形状，以及现场工程勘探资料，选择典型的勘探剖面 2—2′作为渗流场的模拟计算剖面，剖面具体位置如图 6.3 所示。

6.4.2　堆坝方式的考量

本书主要针对大红山龙都尾矿库加高扩容的可行性进行论证。除了解决现场工程实际问题之外，拟对单一上游法堆坝与混合式堆坝坝体渗流场进行探索，寻求两者的异同。为此，结合大红山龙都尾矿库的实际状况，分别对单一上游法堆坝与混合式堆坝坝体渗流场进行计算。即采用上游法堆积形成的尾矿坝（现状情况），坝顶标高为 620m，堆积坝高为 70m。另一种情况为将要实施的混合式堆坝（中线法堆坝），坝顶标高为 700m，堆积坝高为 150m。

6.4.3　计算几何模型及网格划分

根据尾矿库的现场勘探资料和设计资料，来构造计算几何模型，如图 6.4 和图 6.5 所示。图 6.4 所示为现状情况下的实体模型，坝顶标高为 620.0m，坝外

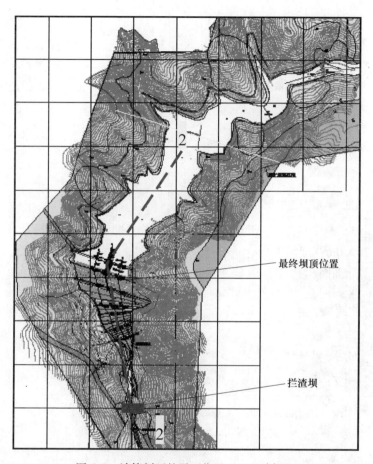

图 6.3 计算剖面的平面位置（2—2′剖面）

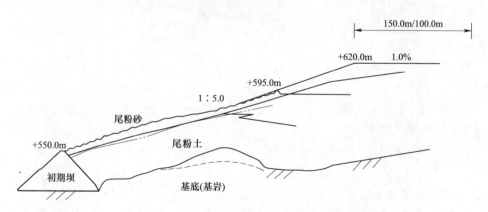

图 6.4 单一上游法堆坝的实际坝体剖面图

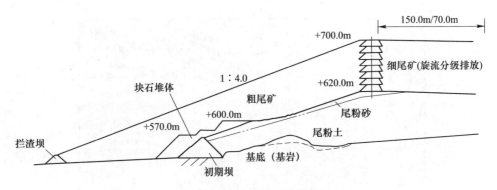

图 6.5　混合式堆坝预计剖面图

坡面坡度为 1：5.0。图 6.5 所示为混合式（中线法）堆积坝的预计剖面图，坝顶标高为 700.0m，坝高 180m，坝外坡面坡度为 1：4.0。

　　根据实际剖面构建计算模型，两种情况的计算模型分别如图 6.6 和图 6.7 所示。

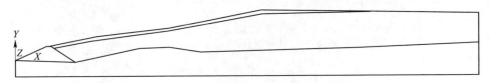

图 6.6　单一上游法堆坝（+620m）计算模型

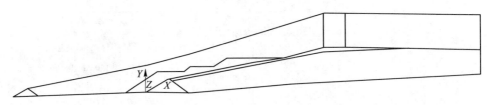

图 6.7　混合式堆积坝（+700m）计算模型

　　根据尾矿库的等别标准，考虑到尾矿库内水位的影响，干滩面长度分别按照下列情况进行考虑，即：

　　（1）正常情况，干滩面的长度按 150m 考虑；

　　（2）洪水情况，干滩面的长度上游法按 100m 考虑；混合式（中线法）堆坝时，则按照 70.0m 考虑。

　　数值模拟计算网格如图 6.8 所示。网格划分采用计算机自动优化网格划分方法进行网格划分。

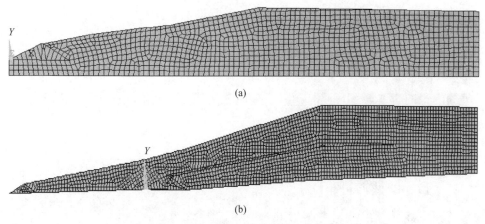

图 6.8　数值计算模拟网格划分情况
（a）上游法堆坝情况；（b）混合式堆坝情况

6.4.4　坝体材料的物理力学参数

按照大红山龙都尾矿库现场勘探资料和混合式堆坝工艺情况，将计算模型分为 8 种材料，即：①基底（基岩）、②堆石坝（初期坝）、上游法尾矿堆积坝中的③尾粉砂和④尾粉土，中线法堆积体的⑤粗尾矿和⑥细尾矿、⑦子坝堆积体（按照粉质黏土考虑）、⑧块石堆积体。根据室内试验测试和尾矿库的勘察资料等，综合考量后，确定各尾矿材料相关参数见表 6.1。坝底基岩，按照不透水层考虑。初期坝为堆石透水坝，由于没有实测资料，为此，参考经验选取其值，分别为：容重 $\gamma = 21.56\text{kN/m}^3$，内摩擦角 $\varphi = 38.0°$，黏聚力为 $c' = 0.0\text{kPa}$，渗透系数按照经验选取，为 $K = 0.000027\text{m/s}$。

表 6.1　坝体各材料的物理力学指标计算值

序号	材料名称	容重 $\gamma/\text{kN} \cdot \text{m}^{-3}$	抗剪强度		渗透系数/$\text{cm} \cdot \text{s}^{-1}$		来源说明
			黏聚力 c'/kPa	内摩擦角 $\phi'/(°)$	水平 K_H	垂直 K_v	
①	基底	—	—	—			
②	初期坝	21.56	0.0	38.0	2.70×10^{-3}	2.70×10^{-3}	
③	尾粉土	21.00	22.00	30.00	0.40×10^{-3}	0.50×10^{-3}	勘探报告
④	尾粉砂	20.50	15.00	32.00	0.45×10^{-3}	0.80×10^{-3}	
⑤	粗尾矿	20.97	15.00	34.80	0.45×10^{-3}	0.80×10^{-3}	
⑥	细尾矿	19.00	20.00	9.00	0.06×10^{-3}	0.06×10^{-3}	测试报告 与勘探资料
⑦	粉质黏土	20.00	35.00	15.00	0.02×10^{-3}	0.02×10^{-3}	
⑧	块石堆	19.00	13.50	37.50	2.70×10^{-3}	2.70×10^{-3}	

6.4.5　尾矿坝地下渗流场的数值模拟计算结果

大红山龙都尾矿坝两种堆坝方式下（+620m 和+700m）、坝体地下渗流场的模拟计算结果分别见图 6.9~图 6.12。

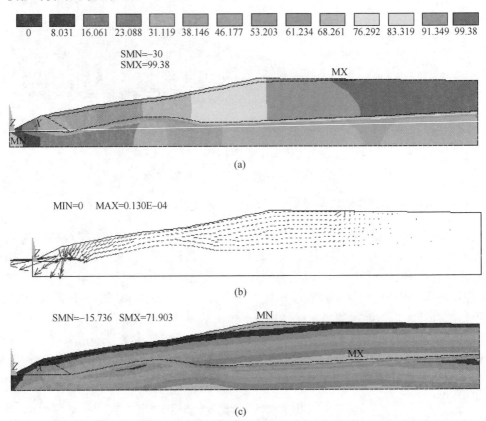

图 6.9　单一上游法筑坝正常工况下坝体渗流场的计算结果

（a）坝体渗流场等势面分布云图；（b）坝体渗流场流速矢量图；（c）坝体渗流场总水头分布云图

(a)

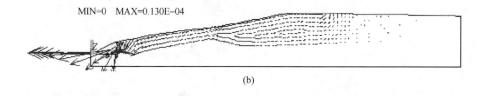

MIN=0 MAX=0.130E-04

(b)

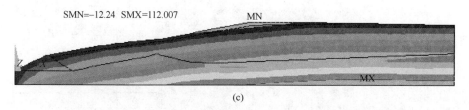

SMN=−12.24 SMX=112.007

(c)

图 6.10 单一上游法筑坝洪水工况下坝体渗流场的计算结果

（a）坝体渗流场等势面分布云图；（b）坝体渗流场流速矢量图；（c）坝体渗流场总水头分布云图

0   16.825 33.651 49.074 65.899 81.322 98.148 113.571 130.396 145.819 162.645 179.47

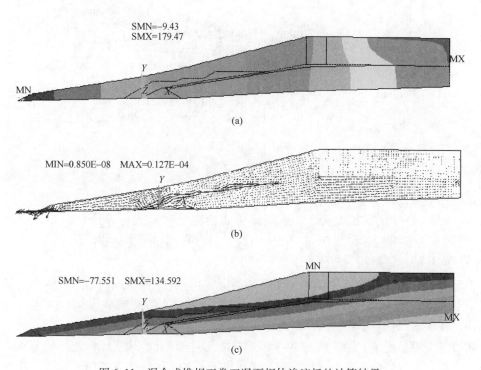

SMN=−9.43
SMX=179.47

(a)

MIN=0.850E−08   MAX=0.127E−04

(b)

SMN=−77.551   SMX=134.592

(c)

图 6.11 混合式堆坝正常工况下坝体渗流场的计算结果

（a）坝体渗流场等势面分布云图；（b）坝体渗流场流速矢量图；（c）坝体渗流场总水头分布云图

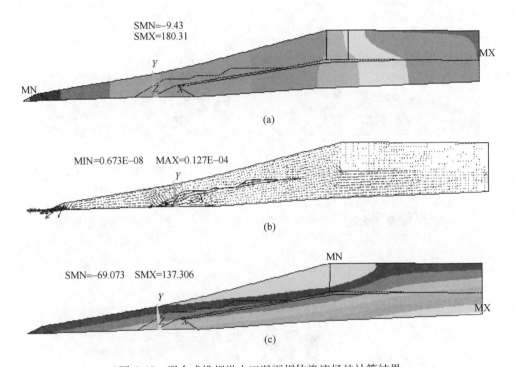

图 6.12　混合式堆坝洪水工况下坝体渗流场的计算结果

(a) 坝体渗流场等势面分布云图；(b) 坝体渗流场流速矢量图；(c) 坝体渗流场总水头分布云图

从这些计算结果中可以得出：

（1）通过对尾矿坝地下渗流场的模拟计算，获得了大红山龙都尾矿库（坝）在两种堆坝方式下坝体地下渗流场的分布规律。

（2）相同堆坝方式下，坝体渗流场无论在正常工况下，还是洪水工况下（见图 6.9 和图 6.10，图 6.11 和图 6.12），其分布规律基本一致，只是洪水工况下浸润线的埋深稍浅、流速更大些。

（3）不同堆坝方式下（单一上游法与混合法），坝体渗流场的差异较大。如图 6.9（c）与图 6.11（c）所示情况，均为正常情况，但两者浸润线的埋深规律，在坝底部位基本相同，在靠近坝顶部位，两者差距就很大，混合式堆坝的浸润线位置明显优于上游法的，更利于坝体的稳定。因此，从坝体渗流场的分布规律结果，可以看出，混合式堆坝要优于单一上游法。因此，在矿山尾矿库的堆坝方式选择上，从安全的角度考虑，建议多选用混合式堆坝方法。

6.5　本章小结

本章利用 ANSYS 数值分析软件，对大红山龙都尾矿库的两种堆坝方式下的坝体地下渗流场的分布规律进行了模拟计算，结果显示，单一上游法与混合法堆坝坝体渗流场的差异较大。尤其是浸润线的位置，靠近坝底部位基本相似，但在靠近坝顶部位，两者差距很大，混合式堆坝的浸润线位置明显深于上游法的，更利于坝体的稳定。因此，从坝体渗流场的分布规律可以看出，混合式堆坝要优于单一上游法。

7 混合式堆积尾矿坝坝体应力场的数值计算

7.1 概述

目前，岩土工程研究的主要方法有 3 种，分别为理论分析、数值计算与实验研究。随着电子计算机技术的普及，岩体工程的数值分析方法有了迅速的发展，并且越来越多地应用于分析岩土工程的稳定性，如地下开挖工程、露天边坡工程等。

岩土工程的数值分析方法比较多，目前，主要有有限元法、边界元法、离散元法及拉格朗日元法、DDA 法等。其中，有限元法已广泛应用于岩土工程与结构分析。有限元法用的就是微积分的思想。它是把一个实际的结构物或连续体微分成多个彼此相联系的单元体，以这些单元体所组成的近似等价物理模型来代替原型，通过结构及连续体力学的基本原理及单元的物理特性建立起表征力与位移关系的方程组，解方程组求其基本未知物理量，并由此求得各单元的应力、应变以及其他辅助量值等。

7.2 有限元法基本原理

图 7.1 所示为典型三角形单元，其三个节点的总体编号为 i、j、k。节点的局部编号为 1、2、3。在总体坐标系中，各节点的位置坐标分别是（x_1，y_1）、（x_2，y_2）、（x_3，y_3）。设在节点 1 处沿 x 轴方向的位移分量是 u_1，沿 y 轴方向的位移分量是 v_1，节点 2 的位移分量是 u_2、v_2，节点 3 的位移分量是 u_3、v_3[70]。

图 7.1　三角形单元

根据单元的位移函数都必须满足刚体位移和常应变状态，在单元内部及相邻单元的边界上位移必须连续，因此，三角形单元的近似函数 $u(x, y)$，$v(x, y)$ 可

写为:

$$\begin{cases} u(x,y) = a_1 + a_2 x + a_3 y \\ v(x,y) = a_4 + a_5 x + a_6 y \end{cases} \tag{7.1}$$

将三个节点的坐标值和位移值代入式 (7.1),得到 6 个方程,联立求解获得系数 a_1, a_2, a_3, a_4, a_5, a_6,将它们再代入式 (7.1) 得到:

$$\begin{cases} u(x,y) = N_1(x,y) u_1 + N_2(x,y) u_2 + N_3(x,y) u_3 \\ v(x,y) = N_1(x,y) u_1 + N_2(x,y) u_2 + N_3(x,y) u_3 \end{cases} \tag{7.2}$$

或写为:

$$\begin{bmatrix} u(x,y) \\ v(x,y) \end{bmatrix} = N\delta \tag{7.3}$$

其中

$$\delta = \begin{bmatrix} u_1, v_1, u_2, v_2, u_3, v_3 \end{bmatrix}^T \tag{7.4}$$

为单元节点位移列阵:

$$N = \begin{bmatrix} N_1 & 0 & N_2 & 0 & N_3 & 0 \\ 0 & N_1 & 0 & N_2 & 0 & N_3 \end{bmatrix} \tag{7.5}$$

称为形状函数矩阵,其中

$$N_i(x,y) = \frac{a_i + b_i x + c_i y}{2\Delta}, i = 1,2,3 \tag{7.6}$$

称为形状函数或插值函数。

确定了单元位移函数后,利用几何方程和物理方程求得单元的应变和应力。根据几何方程,单元应变为:

$$\varepsilon = \begin{bmatrix} \varepsilon_x \\ \varepsilon_y \\ \gamma_{xy} \end{bmatrix} = \begin{bmatrix} \dfrac{\partial}{\partial x} & 0 \\ 0 & \dfrac{\partial}{\partial y} \\ \dfrac{\partial}{\partial y} & \dfrac{\partial}{\partial x} \end{bmatrix} \begin{bmatrix} u \\ v \end{bmatrix} = B\delta \tag{7.7}$$

式中,B 称为单元应变矩阵即几何矩阵。

将式 (7.7) 代入物理方程,可得单元应力为:

$$\sigma = \begin{bmatrix} \sigma_x \\ \sigma_y \\ \tau_{xy} \end{bmatrix} = D\varepsilon = DB\delta \tag{7.8}$$

式中,D 为弹性矩阵。

现设岩土体或结构物发生虚位移,单元节点的虚位移为 δ^*,相应的虚应变为 ε^*,则根据虚功原理有:

$$\iint_A \boldsymbol{\delta}^{*\mathrm{T}} \boldsymbol{N}^{\mathrm{T}} \boldsymbol{F} t \mathrm{d}A + \int_{\partial A} \boldsymbol{\delta}^{*\mathrm{T}} \boldsymbol{N}^{\mathrm{T}} \boldsymbol{P} t \mathrm{d}s = \iint_A \boldsymbol{\varepsilon}^{*\mathrm{T}} \boldsymbol{\sigma} t \mathrm{d}A \qquad (7.9)$$

式中，A 为单元 n 的面积；t 是单元厚度；左边第一项积分是体力在虚位移上所做的虚功，第二项积分是面力在虚位移上所做的虚功，如果计算单元 n 不是边界单元或在边界上没有面力的作用，则第二项积分为零。

经变换得：

$$\boldsymbol{KU} = \boldsymbol{P} \qquad (7.10)$$

式中，$\boldsymbol{U}$ 为总体位移列阵；$\boldsymbol{K}$ 为总体刚度矩阵，由各单元的单元刚度矩阵 $[k]$ 组集而成；$\boldsymbol{P}$ 称为总体荷载列阵，由各单元的单元荷载列阵组集而成。

式（7.10）称为总体刚度方程。引入边界约束条件对总体刚度方程进行修正后，求解得到总体位移列阵 $\{\boldsymbol{U}\}$，然后由几何方程和本构关系计算各单元的应变和应力分量。

7.3　混合式堆积尾矿坝的数值模拟计算

7.3.1　ANSYS 软件简介

如前所述，ANSYS 软件是美国 ANSYS 公司于 1970 年开发的利用计算机模拟工程的大型通用有限元软件。它融结构、热、流体、电、磁、声学于一体，是目前最流行的有限元软件之一。它具备功能强大、兼容性好、使用方便、计算速度快等优点，已被广泛应用于核工业、铁道、石油、能源、国防、土木工程、矿业工程等许多领域的科学研究工作。同时，该软件提供了多种材料模型，可以很好地进行边坡、基础、坝体、隧洞、地下采场、硐室等问题的模拟分析。

7.3.2　计算模型

计算模型的几何尺寸及边界条件的确定不但涉及计算量的问题（即单元大小及数量），而且影响到计算的精度及整个坝体的力学分析，因此，合理确定计算剖面、剖面的尺寸及边界条件非常重要。

根据现场实际情况，拟选择 2—2′剖面进行计算分析，该剖面的平面位置见图 6.2。

参考类似工程的有限元数值分析实例，再结合现场实际情况，确定出模型的几何尺寸和边界条件。具体如图 7.2 所示，其中 O 点的约束条件为 $U=0$，$V=0$。

7.3.3　材料的本构模型与参数

计算范围内材料分区如图 7.3 所示，共分 8 种，即：①基底（基岩）、②堆石坝（初期坝）、上游法尾矿堆积坝中的③尾粉砂和④尾粉土，中线法堆积体的⑤粗尾矿和⑥细尾矿、⑦子坝（按照粉质黏土考虑）、⑧块石堆积体。

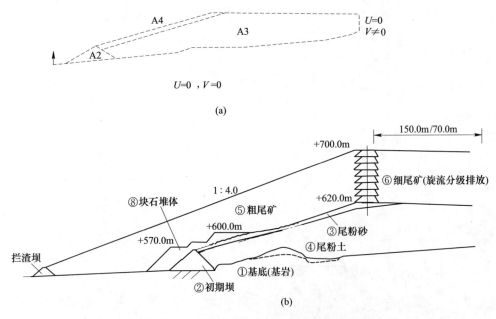

图 7.2 单一上游法与混合式堆积尾矿坝的几何模型

(a) 上游法堆积尾矿坝；(b) 混合式堆积尾矿坝

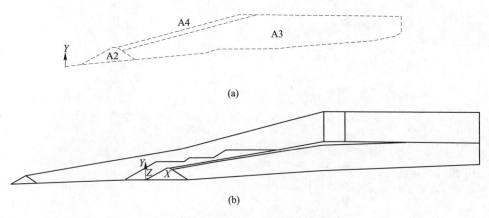

图 7.3 两种堆坝方法尾矿坝材料分区

(a) 单一上游法尾矿坝材料分区（现状）；(b) 混合式尾矿坝材料分区（未来）

在材料本构模型的选择上，选择非线性材料模型能更好地模拟土工问题。一般弹性非线性模型是把弹性模量 E 和泊松比 ν 看作随应力状态变化而改变的变量，即 E 和 ν 是应力状态 $\{\sigma\}$ 的函数。对土体而言应用较多的模型为邓肯（Duncan）和张（Chang）提出了的双曲线模型[71]。这种模型已被广泛应用于土坝和地基等土工问题的有限元分析，在很多情况下可以得到满意的结果。

利用常规三轴试验，在保持 σ_3 不变的情况下，改变轴向应力 $\sigma_1 - \sigma_3$，可以确定增量虎克定律中的材料常数。

如图 7.4 所示，弹性模量 E 为：

$$E = \frac{\Delta \sigma_1}{\Delta \varepsilon_1} = \frac{\Delta(\sigma_1 - \sigma_3)}{\Delta \varepsilon_a} = \frac{\partial(\sigma_1 - \sigma_3)}{\partial \varepsilon_a} \tag{7.11}$$

而 E_t 为：

$$E_t = \frac{1}{a}\left[1 - b(\sigma_1 - \sigma_3) \right]^2 \tag{7.12}$$

式中，a、b 为常数，a、b 值关系如图 7.5 所示。

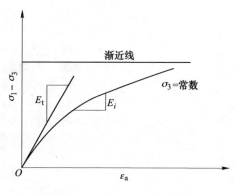

图 7.4　$(\sigma_1 - \sigma_3)$-ε_a 关系曲线

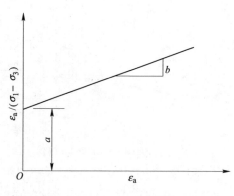

图 7.5　$\varepsilon_a / (\sigma_1 - \sigma_3)$-$\varepsilon_a$ 关系曲线

对于泊松比 ν，库哈威（Kulhawy）和邓肯认为常规三轴试验测得的 ε_a 与 $(-\varepsilon_r)$ 关系仍可用双曲线来拟合，如图 7.6 和图 7.7 所示。

因为

$$\nu = \frac{-\Delta \varepsilon_r}{\Delta \varepsilon_a} = \frac{\partial(-\varepsilon_r)}{\partial \varepsilon_a} \tag{7.13}$$

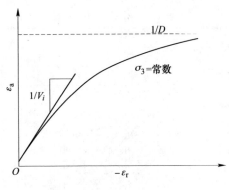

图 7.6 ε_a-ε_r 关系曲线

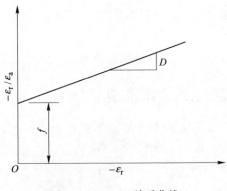

图 7.7 $\varepsilon_r/\varepsilon_a$-$\varepsilon_r$ 关系曲线

经变换得：

$$\nu = \frac{f}{1 - A} \tag{7.14}$$

其中

$$A = \frac{D(\sigma_1 - \sigma_3)}{kP_a\left(\dfrac{\sigma_3}{P_a}\right)^n\left[1 - \dfrac{R_f(1 - \sin\varphi)(\sigma_1 - \sigma_3)}{2c\cos\varphi + 2\sigma_3\sin\varphi}\right]}$$

从图 7.7 可以推出，

$$\nu_t = \frac{G - F\lg\left(\dfrac{\sigma_3}{P_a}\right)}{(1 - A)^2} \tag{7.15}$$

材料的物理力学参数是模拟计算的基础。根据物理力学实验测试结果，参照国内外有关尾矿和堆石坝等相关资料，综合分析后，确定出各材料的计算参数，见表 7.1。

表 7.1　材料参数一览表

参数名称		材　料　名　称							
		①	②	③	④	⑤	⑥	⑦	⑧
		基底	初期坝	尾粉土	尾粉砂	粗尾矿	细尾矿	黏土子坝	块石堆
容重 γ/kN·m^{-3}		22.0	21.56	21.00	20.50	20.97	19.00	20.00	19.00
黏聚力 c'/kPa		10.0	0.0	22.00	15.00	15.00	20.00	35.00	13.50
内摩擦角 φ'/(°)		35.0	38.00	30.00	32.00	34.80	9.00	15.00	37.50
杨氏模量 E		150	145	55.0	50.0				145
泊松比 μ		0.18	0.20	0.30	0.28				0.20
D-P 模型参数	K					444.2	318.2		2216.0
	n					0.54	0.54		0.48
	K_b					326.9	206.8		1625.0
	m					0.26	0.30		0.11
渗透系数（垂直 K_v）/cm·s^{-1}		—	2.70 ×10^{-3}	5.0 ×10^{-4}	8.0 ×10^{-4}	8.0 ×10^{-4}	6.0 ×10^{-5}	2.0 ×10^{-5}	2.70 ×10^{-3}

7.4　混合式堆积坝数值模拟计算与结果分析

先按照上述情况建立计算模型，输入参数，进行单元划分，然后进行计算。计算流程如图 7.8 所示。

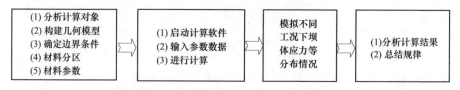

图 7.8　应力场的数值模拟计算流程

计算模型单元网格划分如图 7.9 所示。

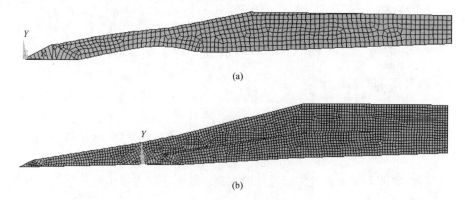

图 7.9　计算模型单元网格划分

（a）单一上游法尾矿坝的计算网格（现状）；（b）混合式尾矿坝计算网格（未来）

　　在计算中考虑了流固耦合作用，即地下水的作用。为此计算了两种工况，一是洪水工况（上游法干滩面为100m，混合式按照70.0m考虑，即规范中的最小长度），二是正常工况（按照150m）分别进行计算。应力场计算结果分别如图7.10~图7.13所示。

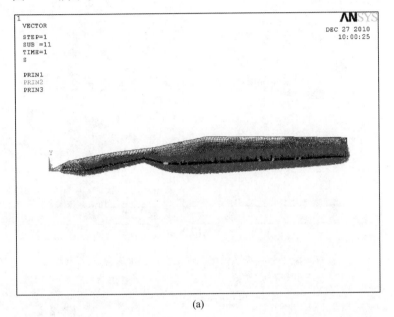

(a)

(b)

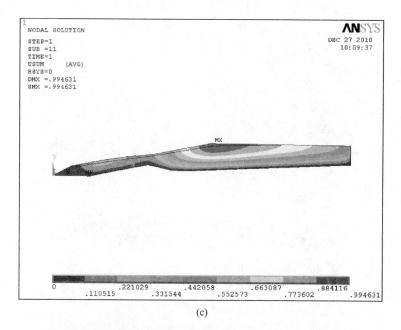

(c)

图 7.10　单一上游法堆积尾矿坝正常工况下应力场计算结果

（a）正常工况下坝体应力矢量图；（b）正常工况下坝体垂直方向应力分布云图；

（c）正常工况下坝体总位移云图

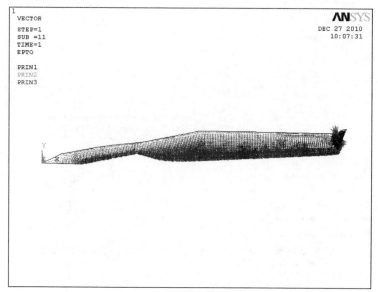

(a)

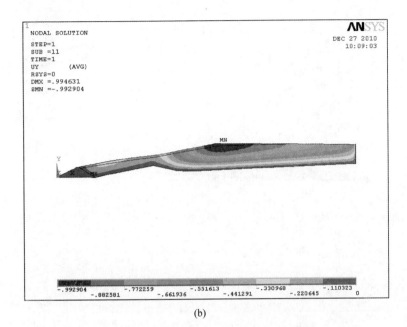

(b)

图 7.11 单一上游法堆积尾矿坝洪水工况下应力场计算结果

（a）洪水工况下坝体主应力矢量图；（b）洪水工况下坝体垂直方向的位移云图

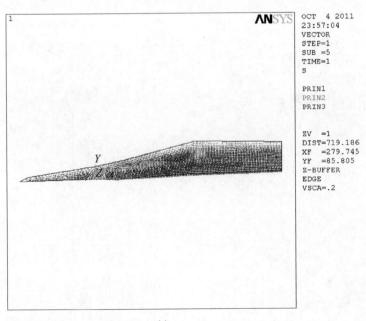

(a)

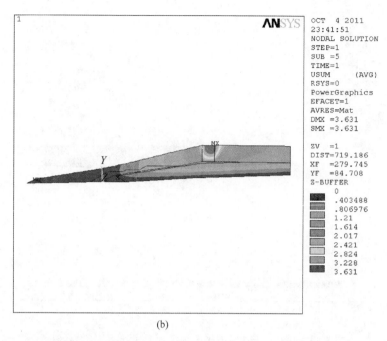

图 7.12　混合式堆积尾矿坝正常工况下应力场计算结果
（a）正常工况下坝体主应力矢量图；（b）正常工况下坝体总位移云图

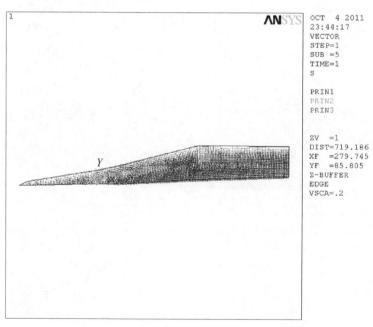

(a)

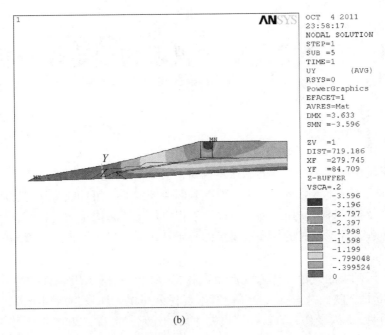

(b)

图 7.13　混合式堆积尾矿坝洪水工况下应力场计算结果

（a）洪水工况下主应力矢量图；（b）洪水工况下坝体垂直方向位移云图

从计算结果（见图 7.10~图 7.13）中可以看出：

（1）获得了两种堆坝方法下的尾矿坝体的应力、应变等分布规律。

（2）坝体达到混合式堆坝最终标高+700m 时，水平方向的变形位移不大，最大约为 0.92m，方向向着坝外坡；垂直方向的变形位移较大，最高点（即坝顶处）最大达到 3.63m 左右，单位坝高沉降量为 2.02%，说明尾矿的压缩性比较大，沉降相对比较明显。

（3）坝体达到混合式堆坝最终标高+700m 时，尾矿堆积坝最大垂直地应力为-2.17MPa，最大水平地应力为-0.916MPa。

7.5　本章小结

本章主要研究了单一上游法堆积尾矿与混合式堆积尾矿坝的坝体地应力场的分布规律。利用数值模拟计算，结果显示，龙都尾矿库混合式堆坝达到+700m 标高时，坝顶水平方向的变形位移不大，最大约为 0.92m，垂直方向的变形位移较大，最高点（即坝顶处）最大达到 3.63m 左右，单位坝高沉降量为 2.02%；最大垂直地应力为-2.17MPa，最大水平地应力为-0.916MPa。

8 混合式尾矿堆积坝的稳定性分析

8.1 概述

由于尾矿库是一种特殊的工业建筑物，也是矿山三大控制性工程之一。它的运营好坏，不仅直接影响到矿山企业本身的经济效益，而且威胁到周边居民生命财产安全及自然环境。尾矿坝是尾矿库工程中最重要的构筑物。其稳定性不仅是尾矿库工程设计规划时的一个重要指标，而且在尾矿库的日常生产管理中也占有非常重要的地位。

由于尾矿坝的失稳破坏造成严重灾害的事例在我国矿山时有发生，如 2006 年 4 月 30 日，陕西镇安县黄金矿业有限责任公司尾矿库发生溃坝事故，造成 17 人下落不明，5 人受伤，直接经济损失达几百万元；再有，2008 年 9 月 8 日，山西襄汾尾矿库溃坝更是损失惨重，造成 277 人死亡。

在尾矿库工程的建设与生产管理中，有两种情况需要对尾矿坝进行稳定性分析。一是新建尾矿库，从总体上定量评价和预测尾矿坝的工作状态，验证坝体的结构参数是否能保证尾矿库在不同工况下达到规范要求等。二是已投入运行的尾矿库，验算尾矿库是否安全，安全程度如何，有多大富余等。在工程质量控制中，前者属于事前控制，后者属于事中控制。国家相关技术法规，如《选矿厂尾矿设施设计规范》（ZBJ1—1990）、《尾矿库安全技术规程》（AQ2006—2005）、《尾矿库安全监督管理规定》等对尾矿坝的稳定计算也有明确规定。

8.2 尾矿坝稳定性计算与分析

8.2.1 计算方法简介

目前，尾矿坝的稳定分析方法主要有：（1）极限平衡法，如瑞典法、毕肖普法、余推力法、Sarma 法等；（2）数值分析法，也称应力-应变法，如有限元法、拉格朗日元法、边界元法等。

极限平衡法，原理简单，实用性强，能够直接提供坝体稳定性的定量结果，所以应用较广；数值分析法，如前面的第 7 章，它是通过建立数学模型，选择材料的本构方程，来模拟求解坝体的应力应变值，然后再按照一定的准则，判断并给出坝体的非稳定区域等。

在尾矿坝的稳定性计算中，规范和规程均推荐采用极限平衡法。

8.2.2 极限平衡法计算原理与 SLIDE 软件

在尾矿坝静力和地震动力稳定性计算分析中，目前采用最广的极限平衡法方法为瑞典圆弧法和简化 Bishop 方法。其中，瑞典圆弧法也是《选矿厂尾矿设施设计规范》（ZBJ—1990）规定的方法（见规范第 3.4.1 条）。

极限平衡法是假定分析的滑体为刚体，将滑体垂直划分成若干条块，划分的条块之间不会变形，通过条块的受力平衡分析，来求解计算坝体或边坡的稳定系数[72]。

如图 8.1 所示，取任意条块，通过解算条块的 X、Y 方向和力矩平衡，得出用瑞典圆弧法计算工程稳定系数的表达式为：

$$F = \frac{\sum\limits_{i=1}^{n} \left[\bar{c} b_i \sec\theta_i + (\gamma h_i - \gamma_w h_{iw}) b_i \cos\theta_i \tan\bar{\varphi} \right]}{\sum\limits_{i=1}^{n} (W_i \sin\theta_i + Q_i/R)} \tag{8.1}$$

式中，$\bar{c}$ 为土体有效应力抗剪强度指标黏聚力，kPa；$\bar{\varphi}$ 为土体有效应力抗剪强度指标内摩擦角，（°）；α_i 为条块重心点到滑弧圆心的力臂，m；R 为滑弧的半径，m；Q_i 为地震惯性力（水平方向），kN；W_i 为条块的土重量，kN；θ_i 为条块滑面的倾角，（°）。

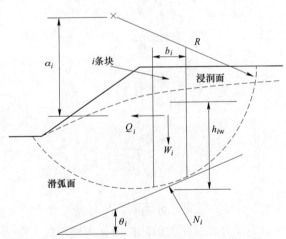

图 8.1　瑞典圆弧法的计算简图

当已知孔隙压力比 r_u 时，则稳定系数的计算公式为：

$$F = \frac{\sum\limits_{i=1}^{n} \left[\bar{c} b_i \sec\theta_i + (1 - r_u) W_i \cos\theta_i \tan\bar{\varphi} \right]}{\sum\limits_{i=1}^{n} (W_i \sin\theta_i + Q_i/R)} \tag{8.2}$$

式中，r_u 为孔隙压力比，条块土柱质量与水柱质量之比值。

简化 Bishop 法假设每个条块侧面上的力是水平方向的，这样就意味着条块之间无摩擦，作用在第 i 号条块上的力如图 8.2 所示，根据垂直方向的分力为零，通过求解方程得出：

$$F = \frac{\sum\limits_{i=1}^{n} \dfrac{\overline{c}b_i + b_i(\gamma h_i - \gamma_w h_{iw})\tan\overline{\varphi}}{\cos\theta_i + (\sin\theta_i\tan\overline{\varphi})/F}}{\sum\limits_{i=1}^{n}(W_i\sin\theta_i + Q_i/R)} \tag{8.3}$$

引入孔隙压力比 r_u，则式（8.3）可写成：

$$F = \frac{\sum\limits_{i=1}^{n} \dfrac{\overline{c}b_i + (1 - r_u)b_i\gamma h_i\tan\overline{\varphi}}{\cos\theta_i + (\sin\theta_i\tan\overline{\varphi})/F}}{\sum\limits_{i=1}^{n}(W_i\sin\theta_i + Q_i/R)} \tag{8.4}$$

式（8.3）和式（8.4）即为简化 Bishop 法的稳定系数计算公式。

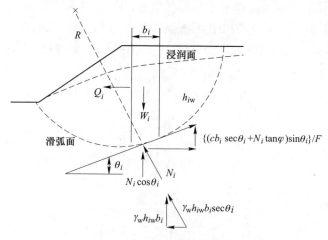

图 8.2　简化 Bishop 法稳定系数计算图

如图 8.1 和图 8.2 所示，稳定性计算时，在每个土条块中心施加一个水平地震惯性力 Q_i，来模拟地震力对坝体的破坏作用，上述地震分析法又称为拟静力极限平衡方法。其中水平地震惯性力 Q_i 为：

$$Q_i = K_H C_Z \alpha_i W_i \tag{8.5}$$

式中，C_Z 为综合影响系数，一般取 $1/4$；α_i 为地震加速度分布系数，从坝基到坝顶值为 $1.0 \sim 2.5$；K_H 为水平向地震系数，与地震烈度有关；W_i 为条块质量；

从上面的公式可以看出，稳定系数 F 出现在方程两边，在求解 F 值时要采用逐步逼近的方法。一般采用牛顿（Newton）切线法来求解。

为了计算方便，按照上述计算原理，可以将稳定系数的计算过程编写成计算程序，进行工程稳定性计算。

8.2.3 Slide 软件简介

Slide 软件是加拿大 Rocscience 公司按照上述极限平衡原理开发的一款土、石边坡二维稳定性分析商用软件[73]。该软件提供 6 种极限平衡方法的计算，包括瑞典条分法、简化毕肖普法、简布法、Spencer 法等。该软件操作简便，既可以指定滑弧位置计算稳定系数，也可以自己搜索最小稳定系数，结果输出图形化，一目了然。目前，该软件已被世界各国工程师们广泛应用于边坡工程、尾矿坝和水库坝等工程的稳定性计算与分析。

8.2.4 荷载工况和稳定系数规范要求值

根据工程勘探资料和设计要求，大红山龙都尾矿库工程的地震设防烈度按 7 度二组考虑，设计基本地震加速度为 $0.15g$。按照《选矿厂尾矿设施设计规范》（ZBJ—1990）规范要求及实际情况，坝体稳定性计算时各种荷载、工况及其组合情况见表 8.1。

表 8.1 稳定性计算的荷载工况

运行状态	荷 载 类 别			
	自重荷载	正常水位	最高洪水位	地震荷载
正常运行	有	有	—	—
洪水运行	有	—	有	—
特殊运行	有	—	有	有

根据龙都尾矿库的设计坝高和库容，确定该尾矿库的等别为二等。根据《选矿厂尾矿设施设计规范》（ZBJ1—1990）和《尾矿堆积坝岩土工程技术规范》（GB 50547—2010）的规定，尾矿坝的级别为二级，其抗滑稳定的安全系数不应小于表 8.2 中的规定数值。

表 8.2 尾矿坝抗滑稳定的安全系数规范值

序 号	运行状态	安 全 系 数	
		瑞典圆弧法	简化毕肖普法
1	正常运行	1.25	1.35
2	洪水运行	1.15	1.25
3	特殊运行	1.05	1.15

8.2.5　计算剖面与材料分区及其物理力学参数

8.2.5.1　计算剖面

大红山龙都尾矿库属于（狭长）山谷型尾矿库。考虑到计算剖面能有代表性，尤其是最不利情况，根据库区地形和尾矿堆积坝的形状，以地质勘探资料中的 2—2′剖面为基础（平面位置见图 8.3（a）），再按照中线法堆坝设计资料进行延伸（见图 8.3（b））进行稳定性计算。

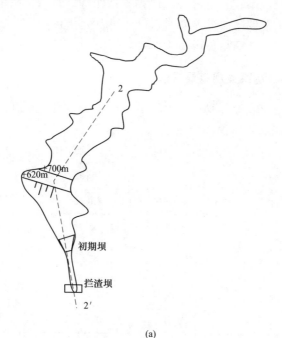

(a)

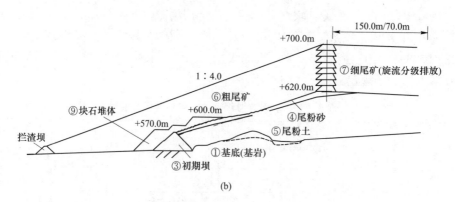

(b)

图 8.3　大红山龙都尾矿库混合式堆坝坝体稳定性计算剖面与材料分区图

（a）计算剖面的平面位置；（b）2—2′剖面图

8.2.5.2 坝体材料分区

按照龙都尾矿库现场勘探资料和混合式（中线法）堆坝工艺情况，对剖面尾矿分区做一些概化处理（见图8.3（b））。考虑基底的粉质中黏土层和卵石层，基底再往下为岩石（泥岩和砂岩），稳定性计算不考虑。因此，将计算模型分为9种材料考虑，具体为：①基底粉质黏土层，②基地卵石层，③堆石坝（初期坝）、上游法尾矿堆积坝中的④尾粉砂和⑤尾粉土，中线法堆积体的⑥粗尾矿和⑦细尾矿、⑧子坝堆积体（按照粉质黏土考虑）、⑨块石堆积体。

8.2.5.3 物理力学参数

根据室内试验测试和尾矿库的勘察资料等，综合考量后，确定各材料相关参数见表8.3和表8.4。坝底基岩，按照不透水层考虑。初期坝为堆石透水坝。

表8.3 单一上游法坝体各材料的物理力学指标计算值

序号	材料名称	容重 γ /kN·m^{-3}	抗剪强度（有效应力）		渗透系数（垂直 K_v）/cm·s^{-1}	来源说明
			黏聚力 c'/kPa	内摩擦角 φ'/(°)		
①	基底	—	—	—	—	
②	初期坝	21.56	0.0	38.00	2.70×10^{-3}	经验值
③	尾粉土	21.00	22.00	30.00	5.0×10^{-4}	勘探报告
④	尾粉砂	20.50	15.00	32.00	8.0×10^{-4}	

表8.4 混合式坝体各材料的物理力学指标计算值

序号	材料名称	容重 γ /kN·m^{-3}	抗剪强度（有效应力）		渗透系数（垂直 K_v）/cm·s^{-1}	来源说明
			黏聚力 c'/kPa	内摩擦角 φ'/(°)		
①	基底粉质黏土层	20.00	35.00	15.00	2.0×10^{-5}	勘探资料
②	基底卵石层	22.00	10.00	35.00	3.2×10^{-2}	
③	初期坝	21.56	0.0	38.00	2.70×10^{-3}	经验值
④	尾粉土	21.00	19.80	27.00	5.0×10^{-4}	考虑了0.9的系数
⑤	尾粉砂	20.50	13.50	28.80	8.0×10^{-4}	
⑥	粗尾矿	20.97	13.50	31.32	8.0×10^{-4}	粗尾砂考虑了0.9的系数；块石堆密度和内摩擦角调整
⑦	细尾矿	19.00	20.00	9.00	6.0×10^{-5}	
⑧	粉质黏土	20.00	35.00	15.00	2.0×10^{-5}	
⑨	块石堆	19.00	13.50	33.00	2.70×10^{-3}	

8.2.6　尾矿坝的稳定性计算

根据试验测试资料、现场勘探资料、渗流场的数值模拟结果和上述的计算剖面、荷载工况、材料分区及物理力学参数、设计资料和设计要求等，对大红山龙都尾矿库混合式堆积的尾矿坝的稳定性进行计算。

稳定性计算按照两个步骤进行：第一步，按照现场工程地质勘探资料，对单一上游法堆积尾矿坝（即现状+620m 标高）进行稳定性计算与分析评价，计算模型如图 8.4 所示。第二步，按照中线法堆坝扩容设计，对坝顶标高达到+700m 时，尾矿坝的稳定性进行计算分析，计算模型如图 8.5 所示。尾矿坝体整个稳定性计算分析流程如图 8.6 所示。

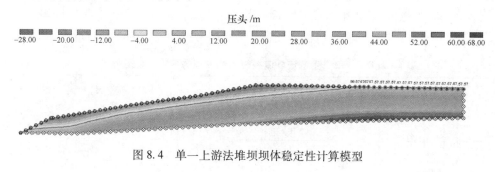

图 8.4　单一上游法堆坝坝体稳定性计算模型

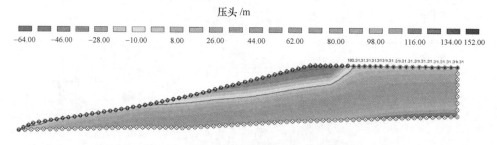

图 8.5　混合式堆坝坝体稳定性计算模型

8.2.7　大红山龙都尾矿库尾矿坝稳定性计算结果与分析

8.2.7.1　单一上游法堆坝坝体稳定计算

单一上游法堆积尾矿坝坝体（现状+620m 标高）、在不同工况下的稳定计算结果见表 8.5。为了与混合式堆坝相对比，按照现在的单一上游法堆坝参数，继续堆积到+700m 标高（见图 8.7），计算坝体的稳定系数，结果见表 8.5。

从表 8.5 计算结果可以得出：最小的稳定系数为 1.282，按照现行的单一上游法及结构参数进行筑坝，坝体达到+620m 标高时，坝体的抗滑稳定性能满足规

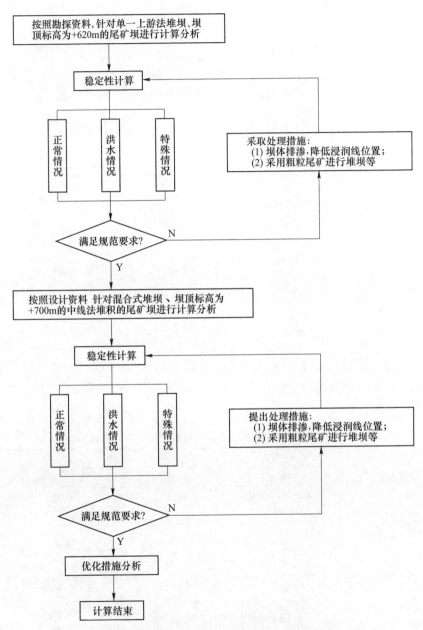

图 8.6 混合式堆积尾矿坝坝体稳定性计算流程

范要求，尾矿坝处于稳定状态。如果继续按照单一上游法堆积坝体达到+700m标高，则坝体最小的稳定系数为0.971，小于1.0，坝体处于失稳状态，即按照现在的单一上游法，坝体的堆积高度达不到+700m。

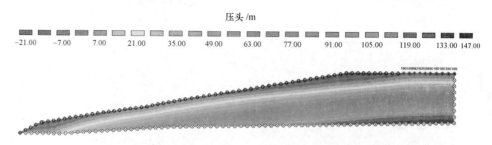

图 8.7　单一上游法堆积坝高达到+700m 标高的计算模型

表 8.5　龙都尾矿库单一上游法堆坝坝体稳定性计算结果

计算方法	稳 定 系 数					
	正常运行		洪水运行		特殊运行	
	瑞典法	毕肖普法	瑞典法	毕肖普法	瑞典法	毕肖普法
2—2′剖面（+620m）	2.071	2.127	1.673	1.695	1.282	1.308
2—2′剖面（+700m）	—	—	1.396	1.393	0.971	0.973
规范值（二级坝）	1.25	1.35	1.15	1.25	1.05	1.15

8.2.7.2　混合式堆坝坝体稳定计算

在+620m 标高基础上，采用旋流分级、进行混合式堆坝、坝顶标高达到+700m，这时尾矿坝抗滑稳定性计算结果见表 8.6，最小稳定系数对应的潜在滑弧位置如图 8.8 所示。

表 8.6　按照设计的混合式堆坝尾矿坝稳定性计算结果

计算方法	稳 定 系 数					
	正常运行		洪水运行		特殊运行	
	瑞典法	毕肖普法	瑞典法	毕肖普法	瑞典法	毕肖普法
2—2′剖面（+700m）	1.277	1.422	1.259	1.406	1.065	1.174
规范值（二等坝）	1.25	1.35	1.15	1.25	1.05	1.15

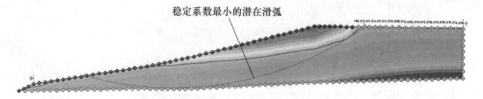

图 8.8　稳定系数最小的潜在滑弧的位置

从表8.6的计算结果可以得出，按照设计的混合式及其结构参数继续筑坝，达到+700m时，坝体在特殊工况下最小的稳定系数为1.065，坝体的抗滑稳定系数略高于规范要求值。

8.2.7.3 混合式堆坝过程中坝体的稳定性计算

由于混合式堆坝中，中线法堆坝存在坝外坡经常随着坝顶标高的提升而不断外移的特点，为了确保尾矿坝在堆积过程不出现局部失稳垮塌等不良现象，有必要针对混合式堆坝过程中坝体的稳定性进行分析。为此，考虑的坝体标高分别为+640m、+660m、+680m三种，同时，坝外坡按照1∶3.0的临时坡比考虑，计算剖面仍然为2—2′剖面。由于是堆积过程中的坝体稳定性计算，计算只考虑了洪水和特殊两种工况，两种工况下坝体的抗滑稳定性计算结果见表8.7。

表8.7 混合式堆坝过程中三种标高下的坝体稳定性计算结果

计算方法	稳 定 系 数			
	洪水运行		特殊运行	
	瑞典法	毕肖普法	瑞典法	毕肖普法
+640m	1.543	1.663	1.298	1.392
+660m	1.399	1.486	1.244	1.371
+680m	1.394	1.470	1.157	1.176
规范值（二等坝）	1.15	1.25	1.05	1.15

从表8.7的计算结果可以得出：坝体稳定系数均满足规范要求值。因此，在混合式堆坝过程中，应严格按照设计要求的1∶4.0的坝外坡等技术参数进行坝体的堆筑，避免产生大于1∶3.0的局部陡坡等，同时避免造成堆积过程中坝体发生局部坍塌。

8.2.7.4 单一上游法堆坝与混合式堆坝坝体的稳定性结果比对分析

从表8.5和表8.6所列的稳定性计算结果可以看出，堆积到同一标高(+700m)下，单一上游法堆积的尾矿坝的稳定系数分别为：1.397（B1.393）（正常工况）、1.396（B1.393）（洪水工况）和0.973（B0.971）（特殊工况），而混合式堆积的尾矿坝的稳定系数分别为：1.277（B1.422）（正常工况）、1.259（B1.406）（洪水工况）和1.065（B1.174）（特殊工况）。两者相比，特殊工况下、混合式堆积坝的稳定系数明显高于单一上游法。所以，堆积同样高度的尾矿坝，混合式要优于单一上游法。

8.3　单一上游法堆坝与混合式堆坝库容量对比

图 8.9 所示为两种堆坝方法的剖面图，由图可以看出，混合式堆坝坝坡线位于单一上游法的下游，四边形 OABC 部分即为混合式增加的库容。经计算，沿坝轴线单位宽度增加的体积为 $3.3 \times 10^4 \mathrm{m}^3/\mathrm{m}$。这就是混合式堆坝比单一上游法增加的库容量。如果坝轴线长为 200m，那么库容可以增加 $6.6 \times 10^6 \mathrm{m}^3$。

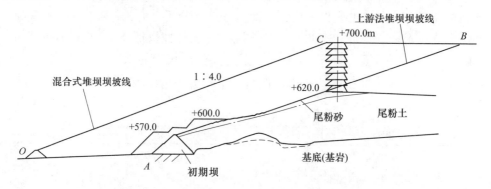

图 8.9　单一上游法堆坝与混合式堆坝库容量对比剖面图

8.4　提高尾矿坝稳定性技术措施

提高尾矿坝稳定性技术措施包括：

（1）加强堆积坝体的排渗措施。在稳定性计算中发现，浸润线的高低对尾矿坝的稳定性影响非常大。因此，在设计与施工中尽可能考虑采取一些坝体防渗措施，除做好原初期坝下游至拦渣坝之间沟谷的底部排渗工程外，还应设置坝体排渗工程，可以充分利用现有坝体的排渗系统，结合平行于坝轴线的坝面排渗截水沟（见图 8.10）进行中线法堆积坝体的排渗，即在现有截水沟内预先放置排渗管，然后放置碎石，上面铺设土工布等，这样不仅使原来的坝体排渗系统能继续发挥作用，而且由截水沟形成的排渗系统，可以降低中线法堆积的尾矿坝的地下水位。同时，做好坝外坡的防雨水冲刷、局部坍塌的防护措施。

（2）生产管理措施。1）加强放矿管理，尤其采用混合式堆坝后，严格按照设计要求，及时堆积好每级子坝，并保证其有足够的坡度与稳定性。库内应保持沉积滩顶均匀平整，使其坡度和长度满足设计要求，严禁矿浆沿子坝内坡趾横向流动冲刷坝体，严禁排放的矿浆冲刷坝坡。2）做好库区周边截排水工程。由于库区汇水面比较大，同时库区所在地区降雨比较丰沛，因此，要切实做好库区周边截排水工程。3）从尾矿库灾害发生的时效性分析，尾矿库的灾害多发生在雨季，尤其是暴雨季节，所以在雨季来临之前，应做好防洪准备，对库区内山体稳定

图 8.10 现有坝面截水沟

情况进行排查，防止山体滑坡给尾矿库造成灾害；对库内的枯树、树枝、不稳定的大石块等进行清理，防止降雨时这些杂物冲入库内排水井塔内，阻塞排水井塔的正常泄洪；对排洪隧洞进行彻底检查，对沉积物和树枝等杂物进行清除；在尾矿坝前堆积一定量的砂袋等防洪物品，以防暴雨漫坝；对尾矿库区内周边的排水沟槽等设施进行彻底清理和修复，使其能真正起到截水分流的作用；雨季前尽可能将库内水位降到最低，留出足够的库容进行防洪，适当将泄水井的拱板降低，增大泄洪能力。4）建立尾矿库（坝）的监测网，并加强日常监测工作，及时对监测资料进行整理与分析，并定期形成文字资料，供管理部门决策；如出现异常情况，及时报告及时处理。

8.5 本章小结

本章针对大红山龙都尾矿库单一上游法堆坝与混合式堆坝、坝体在不同工况下的稳定性进行了计算与分析。结果显示，大红山龙都尾矿库采用单一上游法堆积尾矿坝，达到+620m 标高时（即现状），坝体稳定系数均满足规范要求，尾矿坝处于稳定状态。按照设计的混合式及其结构参数继续筑坝，达到+700m（坝高180m）时，坝体在特殊工况下最小的稳定系数为 1.065，坝体的抗滑稳定系数略高于规范要求值。如果堆积到同样高度，则混合式堆积坝的稳定系数明显高于单一上游法的，从安全技术角度分析，混合式要优于单一上游法。另外，混合式堆坝、沿坝轴线单位宽度增加的库容为 $3.3×10^4 m^3/m$。因此，从库容增加角度，混合式比单一上游法优越。

9 尾矿库的安全评价与管理

9.1 概述

目前，我国实行"企业负责、行业管理、国家监察、群众监督"的安全管理体制。在《尾矿库安全管理规定》（2000 年 11 月 6 日经贸委第 20 号令）第一章第三条中规定，尾矿库的建设与管理必须贯彻"安全第一，预防为主"的方针。这也是我国安全生产的基本方针。安全第一，就是在进行生产活动时，时刻把安全工作放到第一位，把它作为头等大事来抓，正确处理安全与生产的辩证统一的关系，明确"生产必须安全，安全才能促进生产"的道理。任何生产活动都会存在不安全的因素，存在着发生安全事故的危险性，要进行生产，就必须首先解决其中的各种不安全问题。预防为主，就是针对生产过程中可能出现的不安全因素，预先采取防范措施，并在发现事故征兆时及时采取措施，将不安全事故消除在萌芽状态，做到防微杜渐，防患于未然，达到事前控制的目的。尾矿库的安全评价和管理是矿山企业实现"安全第一，预防为主"基本方针的重要手段。为了使矿山企业取得更大经济效益，同时减少灾害事故，保证生产安全，就应该进行安全评价和加强安全管理。《尾矿库安全管理规定》在第四章第八十二条中也明确规定，企业必须把尾矿库安全评价工作纳入安全管理工作计划，由有资质条件的中介技术服务机构每 5 年对尾矿库进行一次安全评价。尾矿库的安全评价报告必须报省级安全生产监督管理部门备案。由此可见，政府部门对尾矿库的安全评价工作十分重视。

9.2 尾矿库等别划分

尾矿库库容量和尾矿坝坝高是尾矿库在设计阶段的两个重要性指标。尾矿库的库容量指的是尾矿库库底面、坝体坡面和库水位标高面所围成的空间体积，用以储存尾矿渣的容积。各年的事故调查表明尾矿库库容量大小影响着尾矿库的安全状态，随着尾矿库库容量的增大，势必会造成其他指标的变化，例如库水位增高、浸润线的上升，影响着坝体的稳定性。而坝高与尾矿砂排放需求密切相关，如若坝高过低不能满足尾矿渣的日常排放，坝高的增加也极大地增加了尾矿库的溃坝风险。因此研究两者可以确保尾矿库在设计阶段的安全系数。尾矿库各生产期的设计等别应根据该期的全库容和坝高分别按表 9.1 进行确定。两者的等差为一等时，以高者为准；当等差大于一等时，按高者降低一等为准。如果尾矿库失事后会使下游重要城镇、工矿企业或重要铁路干线遭受严重灾害者，其设计等别可提高一等。

表 9.1 尾矿库等别划分

尾矿库等别	库容量 V/万 m³	坝高 H/m
一	二等库具备提高等别条件者	
二	$V \geqslant 10000$	$H \geqslant 100$
三	$1000 \leqslant V < 10000$	$60 \leqslant H < 100$
四	$100 \leqslant V < 1000$	$30 \leqslant H < 60$
五	$V < 100$	$H < 30$

尾矿库失事造成灾害的大小与库内尾矿量的多少以及尾矿坝的高低成正比。尾矿库使用的特点是尾矿量由少到多，尾矿坝由低到高，在不同使用期失事，造成危害的严重程度是不同的。因此，同一个尾矿库在整个生产期间根据库容和坝高划分为不同的等别是合理的；再者，尾矿库使用过程中，初期调洪能力较小，后期调洪能力较大，同一个尾矿库初期按低等别设计，中期及后期逐渐将等别提高，这样一次建成的排洪构筑物就能兼顾各使用期的防洪要求，设计更加经济合理。因此，我国制定的设计规范允许按上述原则划分尾矿库等别。

常见的尾矿坝有以下几种构造形式：透水堆石坝、土坝、混凝土坝、钢筋混凝土坝等。对尾矿库构筑物级别划分是针对具体尾矿坝设计安全系数的基础，尾矿库构筑物包含主要构筑物、次要构筑物、临时构筑物，三种构筑物与尾矿坝等别的划分见表 9.2。

表 9.2 尾矿库等别划分

尾矿库等别	主要构筑物	次要构筑物	临时构筑物
一	1	<3	4
二	2	3	4
三	3	5	5
四	4	5	5
五	5	5	5

9.3 尾矿库安全评价

安全评价，在国外叫"风险评价"（risk assessment，RA）。安全评价是对系统存在的危险性进行定性和定量分析，得出系统发生危险的可能性及其程度的评价，以寻求最低事故率、最少的损失率和最优的安全投资效益[74]。在实际工程中，它是以工程安全分析为基础，了解和掌握工程存在的危险因素，并将这些危险因素的风险大小与预定的工程安全指标相比较，得出工程安全状态。如果超出指标范围，则应该采取措施进行控制，消除安全隐患。安全评价包含 3 层意思：（1）是对系统存在的不安全因素进行定性或定量的分析，这是安全评价的基础，它包括安全测定、安全检查和安全分析；（2）通过与评价标准进行比较得出系统发生危险的可能性或程度的评价；（3）提出整改措施，以寻求最低的事故率，达到安全评价的最终目的。

9.3.1　安全评价方法

据不完全统计，到目前为止，安全评价方法在国内外已经提出并得到应用的有几十种，而且每种方法都有较强的针对性[75]。因此，安全评价方法的分类也很多。通过对各种安全评价方法的调查研究发现，许多学者将不同的安全评价方法运用在各个领域。目前常用的安全评价方法主要分为 3 类：（1）以专家评议法、故障假设分析法、危险与可操作性分析等为代表的评价方法，该类方法主要用于定性评价；（2）以危险指数评价法、综合评价法为代表的定量评价方法；（3）以安全检查表、事故树分析法为代表的定性定量分析方法[76]。不同的分析方法有着各自的优缺点与适用范围，本章具体分析不同安全评价方法的优缺点，是对尾矿库安全与否做出精准判断的前提条件，为安全评价奠定基础。安全评价方法对比见表 9.3。

表 9.3　安全评价方法对比

安全评价方法	定性/定量	优　点	缺　点	适用范围
专家评议法	定性	若在缺乏原始资料时可用此方法进行定性评价，评价结果符合人的逻辑性	在保证专家的权威性和成立小组合理性方面有待继续研究	适用于类比工程项目、系统和装置的安全评价
预先危险分析法	定性	简单易行、操作方便；秉持早发现早解决的原则，将事故发生率降低	需要对评价者掌握较高的经验，对评价者要求严格	适用范围广泛，可用于整个系统
故障假设分析法	定性	能够弥补基于经验的安全检查表法编制时经验的不足	需要对评价者掌握较高的经验，对评价者要求严格	适用范围广，可用于设备设计和操作的各个方面
危险与可操作性分析	定性	汇集集体的成果，比较容易发现创新	评价结果容易受评价人员主观因素的影响	适用于设计阶段和现有的生产装置的评价
故障类型和影响分析法	定性	容易从源头发现错误或忽视的问题	对重要故障类型不能忽视	常用于机械电器系统、局部工艺、事故的分析

续表9.3

安全评价方法	定性/定量	优 点	缺 点	适用范围
故障树分析法	定性定量	逻辑关系清楚，结果简单明了	步骤烦琐复杂	常用于工程最初的设计阶段
事件树分析法	定性	以图解的形式出现，比较直观清楚	分析过程粗略	常用于安全管理重大问题的决策
鱼刺图法	定性	能够直观地发现事故的因果关系	只能定性判断	常用于企业绩效评价
危险指数评价法	定量	形式多样，使用起来简单方便	评价效果不具体	可以用于工程项目的各个阶段
综合评价法	定量	能够直观反映待评对象的整体效果；方法灵活		广泛用于各种类型的风险评价

9.3.2 尾矿库安全评价程序

尾矿库安全评价工作程序如图9.1所示。尾矿库安全评价大体可分为3部分：（1）准备阶段，主要内容是通过相关标准法规和设计规范的查找，收集与评价对象相关资料，并进行进一步分析筛选，识别出影响尾矿库安全的有害因素，选择合适的尾矿库安全评价方法；（2）具体评价阶段，包含事故现状调查、选定评价指标体系、权重计算方法、确定模型建立方法，提出具体的处理措施；（3）总结分析阶段，主要是对具体评价阶段的计算结果做出分析评价。

9.3.3 尾矿库安全评价标准

《尾矿库安全管理规定》中对尾矿库的安全度分类，主要是依据尾矿库的防洪能力和尾矿坝体的稳定性来确定。尾矿库的安全度分为危库、险库、病库和正常库4种。

尾矿库存在严重病害，甚至出现局部破坏，不能保证整体安全，有可能丧失使用功能的尾矿库称为危险尾矿库。危险尾矿库的主要表现是：不能安全度汛，防洪能力不够，以及渗流破坏较严重或已经滑塌等。有下列情况之一的尾矿库定为危库：

（1）尾矿坝的最小安全超高和尾矿库的最小干滩长度达不到设计规范要求，不能保证坝体的安全；

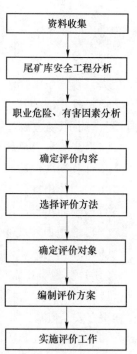

图9.1 安全评价工作程序

（2）排水系统严重堵塞或坍塌，不能排水或排水能力急剧降低，排水井显著倾斜，有倒塌迹象；

（3）坝体出现深层滑动迹象；

（4）其他危及尾矿库安全的情况。

凡导致尾矿库整体或局部破坏并丧失全部或局部功能，且造成一定损失的尾矿库称为险库。有下列情况之一的尾矿库称为险库：

（1）尾矿坝的最小安全超高和尾矿库的最小干滩长度达不到设计规范要求，但平时对坝体的安全影响不大；

（2）排水系统部分堵塞或坍塌，排水能力有所降低，达不到设计要求；

（3）坝体出现浅层滑动迹象；

（4）坝体出现贯穿性的横向裂缝，且出现较大的管涌，水质浑浊夹带泥沙或坝体渗流在堆积坝坡有较大范围逸出，且出现流土变形；

（5）其他影响尾矿库安全运行的情况。

凡存在隐患，甚至出现局部破坏，但仍能保存基本使用功能，仍能继续使用的尾矿库称为病库。有下列情况之一的尾矿库称为病库：

（1）尾矿坝的最小安全超高和尾矿库的最小干滩长度达不到设计规范要求；

（2）排水系统出现裂缝、变形、腐蚀或磨损，排水管接头漏砂；

（3）堆积坝的整体外坡坡比陡于设计规定值，或虽符合设计规定，但部分高程上的堆积坝边坡过陡，可能形成局部失稳；

（4）经验算，坝体稳定安全系数小于设计规范规定值；

（5）浸润线位置过高，渗透水自高位溢出，坝面出现沼泽化；

（6）坝体出现较多的局部纵向或横向裂缝；

（7）坝体出现小的管涌，夹带少量泥沙；

（8）堆积坝外坡冲蚀严重，形成较多或较大的冲沟；

（9）坝端无截水沟，山坡雨水冲刷坝肩；

（10）其他不正常情况。

目前，尾矿库工程还出现了两大新的安全问题：一是尾矿库的闭库问题[3]，存在很多安全隐患，也发生了一些灾害事故；二是由于选矿工艺、设备等技术的提高和尾矿的综合利用，排放到尾矿库内的细粒尾矿越来越多，而细粒尾矿堆积坝的病害率一直居高不下。

9.4　尾矿库的安全检查

安全检查是安全管理的一项重要内容。现场观测与安全检查都是保证尾矿库安全运行的不同措施。现场观测与安全检查有共同之处，也有不同的地方。现场观测除了为保证尾矿库安全运行提供监测资料外，还有其他作用，例如研究尾矿的沉积规律等，而安全检查主要是针对尾矿库的安全方面做的检查，检查尾矿库在运行中存在的不安全因素，它的时效性很强，相关法规也专门做了规定。《尾矿库安全管理规定》中也对尾矿库的安全检查做了详细的规定，规定了安全检查的内容、标准等。检查的内容主要有：

（1）尾矿库防洪安全检查，它主要检查设计防洪标准、尾矿沉积滩的干滩面长度和尾矿坝的安全超高等；

（2）排水构筑物安全检查，它主要检查构筑物有无变形、位移、损毁、淤堵，排水能力是否满足要求等；

（3）尾矿坝的安全检查，它主要检查坝的轮廓尺寸，变形、裂缝、滑坡和渗漏等；

（4）尾矿库库区安全检查，它主要检查周边山体稳定性、违章建筑、违章施工和违章采选活动等情况。

安全生产检查是安全生产管理工作的一项重要内容，是多年来从生产实践中创造出来的一种确保安全生产的行之有效的措施。尾矿库的安全检查也是一种行政行为。一般由矿山企业或安全管理部门根据尾矿库的特点制定检查时间、检查项目、参加检查的人员等。通常在雨季到来之前都要进行尾矿库的安全生产检查，以确保尾矿库安全度汛。

9.5 我国尾矿库的安全现状

尾矿库按筑坝方式分为上游式、中线式、下游式等。根据库容量和坝高将尾矿库分为五个等别，我国尾矿的数量之多、库容之大和坝体之高在世界上是少见的。据资料显示，2008 年底我国有尾矿库 12655 座，其中一等库 27 座、二等库 49 座，三等库 291 座，四等库 1081 座，五等库 6484 座，情况不明的尾矿库 4723 座。我国尾矿库数量等级分布如图 9.2 所示。其中已确定安全度的尾矿库 3372 座，占总数的 26.6%，已发尾矿库安全生产许可证的 4318 座，占总数的

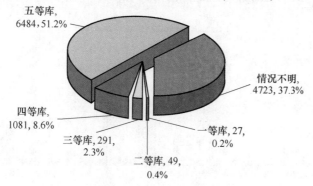

图 9.2 我国尾矿库数量等级分布（单位：座）

34.1%，服务年限大于等于 20 年的 652 座，占总数的 5%，采用上游式筑坝的 3689 座，占总数的 29.2%，排洪设施完好的尾矿库 3117 座，占总数的 24.6%。数据资料表明，我国对全国尾矿库安全稳定程度总体的把握不够，还需要进一步摸底调研，尾矿库的安全状况不容乐观。

9.6 各行业主要企业的尾矿库统计

我国黑色、有色、黄金、核工业、建材等行业的矿山每年产出尾矿约 3 亿吨，基本上堆存在大约 1500 座尾矿库中，其中 80% 属于黑色、有色冶金矿山，其他行业只占 20%。各行业主要企业的尾矿库统计结果如图 9.3 所示。

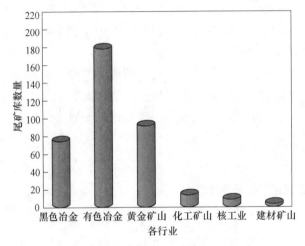

图 9.3 各行业的尾矿库统计结果

9.7 我国尾矿库事故统计分析

自 2001 年以来（截止到 2009 年 12 月 31 日），全国共发生 66 起尾矿库事故（见图 9.4）。从图中可以看出，自 2001 年至 2008 年，我国尾矿库事故发生起数

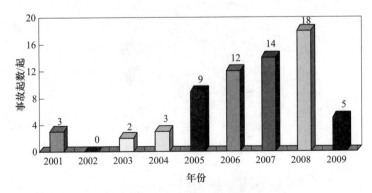

图 9.4 2001~2009 年我国尾矿库事故起数

呈逐年上升趋势，尤其是 2006~2008 年，每年事故起数都在 10 起以上。

在这 66 起尾矿库事故中，共发生死亡事故 14 起，占事故总起数的 21.2%，死亡 356 人（见图 9.5）；发生重大及以上事故 8 起，死亡 344 人。从图 9.4 和图 9.5 中可以看出，我国尾矿库事故发生起数和死亡人数在 2008 年以前呈逐年上升趋势，2008 年达到了最高值，而到 2009 年，事故起数和死亡人数急剧下降。2001 年以来我国尾矿库重大及以上事故统计见表 9.4。

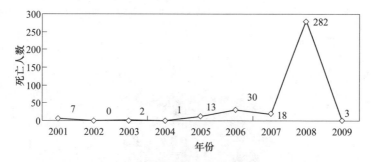

图 9.5　2001 年以来我国尾矿库事故死亡人数统计

表 9.4　2001 年以来我国尾矿库重大及以上事故统计表

发生时间	发生地点	尾矿库名称	事故类型	事故损失
2001 年 7 月 10 日	云南省武定县	云南武定德昌钛矿厂尾矿库	溃坝事故	造成 7 人死亡
2005 年 11 月 8 日	山西省临汾市	山西临汾峰光、城南选矿厂合用的尾矿库	尾矿库溃坝	造成 9 人死亡
2006 年 4 月 23 日	河北省迁安市	河北迁安庙岭沟尾矿库	溃坝事故	造成 6 人死亡
2006 年 4 月 30 日	陕西省商洛市镇安县	陕西镇安黄金矿业尾矿库	副坝溃决	造成 17 人死亡，5 人受伤，冲毁村庄、农田、水土氰化物污染
2006 年 8 月 15 日	山西省太原市娄烦县	山西娄烦新阳光选矿厂、银岩矿厂尾矿库	坝体加高施工时溃决	造成 7 人死亡，1 人重伤，20 人轻伤，冲毁房屋 26 间，烧毁 1 个储油罐，淹没土地约 10 余亩，直接经济损失约 200 万元
2007 年 11 月 25 日	辽宁省海城市	辽宁海城鼎洋矿业有限公司选矿厂 5 号尾矿库	溃坝事故	造成 15 人死亡，2 人失踪，38 人受伤，建在村庄低洼处的几十间房屋，被全部冲毁
2008 年 9 月 8 日	山西省襄汾市	山西襄汾新塔矿业公司尾矿库	尾矿库溃坝	造成 277 人死亡

通过对我国 2001~2009 年的 66 起尾矿库事故类型进行分类，得出结果如图 9.6 所示。2001~2009 年我国尾矿库事故中排在首位的事故是尾矿库溃坝，占 58%；排洪系统破损事故其次，占 18%，渗漏或管涌引起的事故排第 3 位，占 12%。通过以上数据和图表可以看出我国尾矿库事故主要以溃坝事故为主，溃坝事故在各类尾矿库事故中造成的财产损失和人员伤亡最为严重，因此对尾矿库溃坝事故成因进行研究，分析其溃决路径，从而制定相应的防范对策和解决措施，当务之急是预防尾矿库事故，减少事故财产损失和人员伤亡。

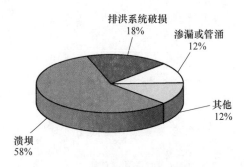

图 9.6   尾矿库事故类型统计

9.8   尾矿库溃坝事故原因及溃决路径分析

9.8.1   尾矿库溃坝事故类型

洪水漫顶、渗流破坏、坝坡失稳、结构破坏是我国尾矿库溃坝的主要类型。2001~2009 年我国尾矿库溃坝事故类型如图 9.7 所示。

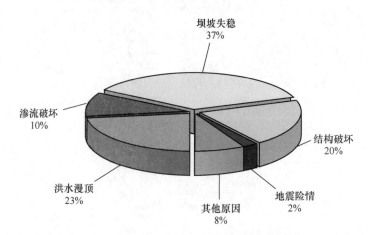

图 9.7   2001~2009 年我国尾矿库溃坝事故类型

9.8.2　洪水漫坝事故原因及溃决路径分析

9.8.2.1　事故原因分析

造成洪水漫坝的原因是多方面的，主要因素有水文资料短缺造成洪水设计标准偏低、泄洪能力不足、坝顶超高不足等导致的尾矿坝漫顶进而发展成溃坝。此外，施工质量、运行管理也直接影响着尾矿坝的抗洪能力。洪水漫顶时，由水流产生的剪应力和对土颗粒的拉拽力作用在坝体下游表面。当剪应力超过某薄弱处的抗蚀临界值时从而启动侵蚀过程。尾矿坝由于透水性低，在下游边坡无渗流溢出，冲蚀开始于下游坝趾（主要是紊乱引起的冲蚀）并向上游发展。当边坡很陡时，由于张力和剪力引起大块材料倒塌。如坝趾排水或垂直排水的粗颗粒料成分一旦暴露于流水中，就很容易被冲蚀并加快了整个冲蚀过程。

9.8.2.2　溃决路径分析

溃决路径有以下几种：

（1）超标准洪水—排洪设施正常—漫顶—干预无效—溃决。

（2）超标准洪水—无排洪设施—安全超高或最小安全滩长不足—调洪库容不足—漫顶—冲刷坝体—整体滑动—干预无效—溃决。

（3）洪水—排洪设施正常—安全超高或最小安全滩长不足—漫顶—冲刷坝体—整体滑动—干预无效—溃决。

（4）洪水—无排洪设施或排洪设施泄量不足—安全超高或最小安全滩长不足—不能及时加高坝顶—漫顶—冲刷坝体—干预无效—溃决。

（5）洪水+持续降雨—无排洪设施—库内近坝岸坡滑塌—涌浪—漫顶—冲刷坝体—干预无效—大坝溃决。

9.8.3　渗流破坏事故原因及溃决路径分析

9.8.3.1　事故原因分析

渗透破坏是指渗透水流引起坝体的局部破坏。尾矿坝渗透变形的发生演变过程与地质条件、土粒级配、水力条件、尾矿的渗透性质和防排水措施等因素有关。

在我国，尾矿库多为游筑坝法，采用水力输送法将层矿砂自坝体下游边坡往上游冲填，并逐年修建子坝不断加高坝身，堆筑沉积而成的坝体结构复杂，坝体中常夹有矿泥层，渗透参数上下邻层相差较多，形成非均质各向异性复杂坝体。这种坝的浸润面往往较高，很容易在坝坡面出溢，产生管涌流沙等。

9.8.3.2　溃决路径分析

溃决路径可能有以下几种：

（1）洪水—坝体集中渗漏—管涌—人工抢险干预—干预无效—大坝溃决。

（2）洪水—坝基集中渗漏—管涌—人工抢险干预—干预无效—大坝溃决。

（3）洪水—下游坡大范围散侵—浸润线抬高—坝体失稳—坝顶（滩顶）高程降低—漫顶—人工抢险干预—干预无效—大坝溃决。

（4）洪水—坝体渗流管涌破坏—坝体失稳—坝顶高程降低—漫顶+管涌—人工抢险干预—干预无效—大坝溃决。

9.8.4　坝坡失稳事故原因及溃决路径分析

9.8.4.1　事故原因分析

事故原因可能有以下几种：

（1）工程地质状况。坝体边坡过陡，有局部坍塌、隆起或裂缝，坝基下存在软基或岩溶，库区内乱采乱挖、放牧及开垦都会引起坝体滑坡坍塌。

（2）水对坝坡失稳的影响。原因包括：

1）内摩擦角越大，抗剪强度越大，水的作用会使有效黏聚力、有效内摩擦角和基质吸力降低，从而使抗剪强度降低，坝体稳定性降低。

2）降雨造成的地表径流和库水会冲刷和切割坝坡，形成裂隙或断口，降低坝体稳定性。同时，水在坝体内的流动引起的冲刷和渗流作用也会降低坝体稳定性。

9.8.4.2　溃决路径分析

溃决路径可能有以下几种：

（1）坝体填筑高度增加—滑动力增加—局部滑动或深层滑动—干预无效—大坝溃决。

（2）坝体集中渗漏—管涌—人工抢险干预—干预无效—大坝溃决。

（3）坝基集中渗漏—管涌—深层滑动或整体滑动—人工抢险干预—干预无效—大坝溃决。

（4）坝下埋管发生接触冲刷破坏—人工抢险干预—干预无效—大坝溃决。

（5）坝体渗流管涌破坏—坝体失稳—坝顶（或滩顶）高程降低—漫顶+管涌—人工抢险干预—干预无效—大坝溃决。

9.8.5　结构破坏事故原因及溃决路径分析

9.8.5.1　事故原因分析

尾矿坝吸水性强，坝体由于长期受到滴淋水浸后，吸水松散软化、泥化、强度降低，水和尾矿粉混合形成流体状尾矿泥，由于坝体、坝基不均匀沉陷或滑坡、坝体施工质量差或坝身结构及断面尺寸设计不当，当坝体滑移、暴雨或低温冰冻时就会使坝体产生裂缝，结构被破坏。

9.8.5.2 溃决路径分析

溃决路径可能有以下几种：

（1）洪水—坝体深层横向贯穿性裂缝—集中渗流破坏—人工抢险干预—干预实效—大坝溃决。

（2）洪水—持续降雨—上部坝体饱和—纵向裂缝—坝体局部失稳—坝顶（滩顶）高程降低—人工抢险干预—干预无效—大坝溃决。

（3）洪水—排洪设施破坏—排洪能力不足—漫顶—冲刷坝体—干预无效—大坝溃决。

（4）洪水—洪水不能安全下泄—截洪沟冲毁—冲淘洪沟基础—库水无控制下泄—回流冲刷下游坝脚—下游坡滑动—大坝溃决。

9.8.6 地震险情事故原因及溃决路径分析

饱和沙土或尾矿泥受到水平方向地震运动的反复剪切或竖直向地震运动的反复震动，土体发生反复变形，因而颗粒重新排列，孔隙率减小，土体被压密，土颗粒的接触应力一部分转移给孔隙水承担，孔隙水压力超过原有静水压力，与土体的有效应力相等时，动力抗剪强度完全丧失，变成黏滞液体，这种现象称为沙土震动液化，地震险情事故主要是由坝体震动液化造成的。

9.8.6.1 事故原因分析

事故原因包括：

（1）尾矿物理性质条件主要是指尾矿颗粒的组成、颗粒形状、颗粒大小、排列状况、尾矿密度等。相对密度越大，抗液化强度越高，排列结构稳定和胶结状况良好的尾矿库具有较高的抗液化能力，粒径大的尾矿比粒径小的尾矿也较难发生液化。

（2）埋藏条件覆盖有效压力越大，排水条件越好，液化的可能性越小。

（3）动荷条件地震波对坝体液化的影响，主要和地震波的波形、频率、作用时间和震动作用的方向有关。震动的频率越高，震动持续的时间越长，越容易引起液化，此外，对于液化的抵抗能力在正弦波作用最小时，而且，震动方向接近尾矿的内摩擦角时抗剪强度低，最容易引起液化。

9.8.6.2 溃决路径分析

溃决路径可能有以下几种：

（1）地震—坝体水平裂缝—漏水通道—管涌—人工抢险干预—干预无效—大坝溃决。

（2）地震—坝体纵向裂缝—坝体滑动—坝顶（滩顶）高程降低—漫顶—人工抢险干预—干预无效—大坝溃决。

（3）地震—尾砂液化—坝坡失稳—尾砂下泄—人工抢险干预—干预无效—大坝溃决。

9.9　我国尾矿库安全存在的主要问题

通过对我国尾矿库总体情况的调研以及大量尾矿库事故案例的总结和分析，从安全角度看，我国尾矿库存在以下主要问题：

（1）数量多、规模小。粗放型的经济增长方式导致尾矿库存在严重安全隐患。近年来，我国的经济持续快速发展，在原材料需求旺盛、矿产品价格持续上涨的拉动下，采选业急于扩大规模、增加产能，大量的小选矿厂相继建成投产使用。这些小选矿厂的尾矿库数量多、库容量小、安全度低，难于监管。

在调查登记中，四等以下小型尾矿库5510座，占已确定等别的6328座尾矿库的87.07%；尾矿库库容小于100万立方米的尾矿库3820座；服务年限在5年以下1236座。这些小型尾矿库不仅占据大量土地资源，严重污染环境，而且普遍未经正规设计、管理极不规范、尾矿库安全度较差（如全国的445座病库中，有343座属于四等和五等，约占所有病库的76.63%）。2000年以来发生的尾矿库事故多属于这种小型尾矿库。

由于工艺简单、经济合理，我国85%左右的尾矿坝采用上游法工艺堆筑，并且安全基础薄弱的中小型尾矿库数量庞大，其中坝高低于30m的五等库占比高达64%。另一方面，如图9.8所示，溃坝危险性巨大的1425座"头顶库"中，78.3%属于四等库或五等库[77]。由于历史原因，部分中小型尾矿库未经过正规勘察与设计流程，建设运营资料缺失，在建设时期遗留大量问题，安全基础薄弱[78]。而中小型矿山投入安全及环保管理的预算本来就有限，难以承担监测系统高昂的建设维护成本，将其安全管理置于恶性循环态势。

此外，中小型尾矿库在设计单位、施工单位、管理运营者或所有人变更时，其勘察设计、施工运营、变更维护、闭库规划、监测日志以及软硬件接口等档案资料常无法完整交接，导致出现大量无证经营、无设计资料、无人认领尾矿库，其安全管理基础更加薄弱且缺乏资金投入，易出现违规经营、超负荷运转的现象，进而增加溃坝安全隐患。如图9.9所示的统计数据显示，处于停用或闭库状态的尾矿库约占"头顶库"总数的一半，对于安全管理及溃坝灾害防控同样不容疏忽。

（2）坝的分等标准高。我国尾矿库从设计规范上规定，坝高低于30m的为

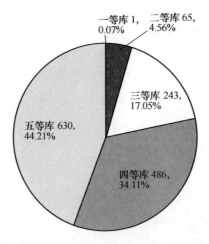

图 9.8 我国"头顶库"等别数量统计（单位：座）

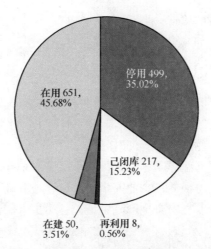

图 9.9 我国"头顶库"运行状态数量统计（单位：座）

五等库，即最小的一类库，低于 60m 的为四等库，低于 100m 的为三等库，高于 100m 的为二等库。而苏联的尾矿库的标准是，坝高低于 25m 的为小型库，坝高低于 50m 的为中型库，坝高高于 50m 的为大型库。在南非坝高小于 12m 的为小型库，坝高小于 30m 的为中型库，坝高高于 30m 的为大型库。

由于我国土地资源紧张，征地很困难，20 世纪 60 年代以来建造的尾矿库大都已处于中后期，在没有新的接替尾矿库情况下，老坝加高改造已是一种迫不得已的措施。如山西峨口铁矿原设计坝高 160m，现欲改为中线法加高到 260m，而在加拿大，用同样方法筑坝一般只有 50~60m 高。

（3）筑坝尾矿粒度细。我国部分矿山企业为了充分利用矿产资源，对一些品位低的矿体也进行开采，而且相对国外的某些产矿大国，我国的矿石品位普遍比较低，所以在选矿时磨得很细，尾矿的产出量不但多，而且粒度普遍较细。粒度细的尾矿强度低，透水性差，不易固结，造成坝体稳定较差，筑坝速度和坝高受到限制。尽管如此，有些矿山企业还要最大限度地挖掘矿产资源，对较粗一些的尾砂加以综合利用（如作建材等）。这样，能用于堆坝的尾矿粒度就更细，筑坝更加困难。

（4）上游法筑坝多。在尾矿坝筑坝方法中，上游法筑坝较下游法和中线法筑坝坝体稳定性差。所以国外多发展下游法和中线法筑坝，较高的坝一般是用下游法和中线法筑坝。而我国鉴于上游法筑坝工艺简单、便于管理、适用性强的特点，85%以上的尾矿库采用上游法筑坝。但是坝体的沉积密度一般偏低，浸润线偏高，渗流难以控制。

（5）尾矿坝坝坡稳定性安全系数标准低。我国尾矿坝坝坡稳定性安全系数规定得比国外标准低些。这是因为如果提高安全系数，坝体的造价就要提高很多，对绝大多数矿山来说是难以承受的。我国设计标准规定，用瑞典圆弧法计算时，4、5级尾矿坝在正常运行条件下的稳定安全系数是 1.15；而美国的标准规定用毕肖普法计算时，安全系数为 1.5（一般情况下毕肖普法计算结果仅比瑞典圆弧法高 10%）。

（6）尾矿库安全管理基础薄弱，安全生产条件差。尾矿库企业性质分布情况如图9.10所示。尾矿库生产企业中非公有制企业占相当比例，大部分非公有制企业生产规模小，存在勘察设计工作不足、无正规设计，不按设计组织生产、施工，安全防范措施不到位等问题。大量的小尾矿库企业，从业人员素质低，安全意识差，防范事故能力很低，企业安全、环保管理基础十分薄弱。目前，全国尚有近一半的尾矿库未取得安全生产许可证，且不少未取证的尾矿库仍在非法生

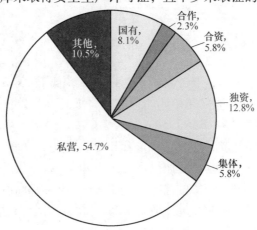

图 9.10　尾矿库企业性质分布

产。同时，一些已取证的企业也因有证而产生麻痹松懈思想、放松管理，安全生产条件明显下降。还有一些尾矿库是在有关机构未严格按照安全生产条件审查的情况下取得了许可证，其中不少是不完全具备安全生产条件的。

（7）尾矿库安全度仍处于较低水平。根据 2004 年调查统计，在全国确定了安全度的 1035 座尾矿库中，危库和险库 130 座占 12.6%，病库 262 座占 25.3%，正常库 643 座占 62.1%。在 2006 年的调查统计中，在确定了安全度的 3372 座尾矿库中，有危库和险库 71 座（占 2.1%），病库 378 座（占 11.2%），正常库 2923 座（占 86.7%）。本次调查，在全国确定了安全度的 5112 座（尾矿库总数减去没有填写安全度的尾矿库数和不明的尾矿库数）尾矿库中，危库和险库 80 座（占 1.56%），病库 445 座（占 8.71%），正常库 4587 座（占 89.73%）。可见，全国尾矿库总体看来正常库率有所提高，非正常库率有所降低，尤其危、险库率有显著降低，这是加大尾矿库安全生产整治力度工作取得的明显成效。

但还必须看到，一方面全国仍有 10.28% 的尾矿库处于不安全状态，由于基数大，这一数量也是相当可观的，不可轻视。另一方面，此次调查中尾矿库安全度主要是依据安全评价的结果确定的，但受目前尾矿库安全评价的各种因素限制，相当多的尾矿库评价结论是不符合实际的，将病库甚至危库、险库定为正常库。此外，还有相当数量的尾矿库未经安全评价，仅通过一般检查或查看确定其安全度。因此，实际上全国正常尾矿库率要远低于上述统计数字，可以认为，目前我国尾矿库安全度总体看来仍处于较低水平，全国尾矿库非正常库率应该在50% 以上。

（8）尾矿库技术、管理人员缺乏。1）我国现役尾矿库属于二等或二等以上的库数量少，大部分为三等以下小型库，这部分尾矿库安全级别不高，容易发生事故。2）政府相关部门及企业领导和管理人员存在侥幸和麻痹思想，未完全履行管理职责，监管不到位。3）全国大部分尾矿库没有经过有资质的设计单位进行设计，尾矿库安全设施设计未经过相关部门审查。尤其民营中小型矿山的尾矿库未经正规设计，不符合有关规范要求。4）大多数尾矿库没有完全开展安全评价，开展了安全评价的部分尾矿库不能或不完全满足尾矿库安全评价要求。5）在尾矿库建设上违反建设程序，不进行必要的勘察、设计、评价，设计单位、施工单位无合格资质，给工程留下安全隐患。

（9）多数尾矿库未进行安全评价和环境评价。对尾矿库进行安全评价和环境评价是掌握目前尾矿库安全状况和环境状况的主要手段和方法之一。

尾矿库作为重大危险源，必须按《尾矿库安全技术规程》规定至少每 3 年进行一次安全现状评价。根据此次统计，全国有 3434 座（占总数的 43.36%）尾矿库未进行安全现状评价，对这些尾矿库的坝体稳定及防洪能力等均无定量分析。同时，目前尾矿库安全现状评价受许多因素影响，多数还做不到对现状尾矿库进行坝体稳定及防洪能力的定量分析，不能充分发挥评价的作用。从国务院组织的百日安全督察对全国部分省、市、区尾矿库的督察情况看，尾矿库安全评价单位虽都具备合格的评价资质，但评价质量普遍不高，其主要原因在于缺少尾矿库专业技术人员，对此应予以足够重视。

同时，全国有 5034 座（占总数的 63.57%）尾矿库没有进行环境评价。

（10）受地震威胁大。我国是地震多发国家，尾矿库防震、抗震是重要问题。如在"5·12"汶川大地震中，该区域的多个尾矿库受损。

（11）外界干扰严重。由于在经济体制改革和经济发展过程中，必然存在法规制度不适应或不健全的过程，地方利益和国家利益存在统筹兼顾的问题，一些地方群众法制观念不强，个体和集体矿山企业到国家重点矿山尾矿库附近非法越界开采，有的在坝区采石放炮，有的在库下开采，有的偷抢尾砂，对尾矿库的安全形成极大的威胁。

（12）尾矿库位置很难避开居民区，事故后果严重。尾矿库应选在偏僻的地方，这一点在人口少，地域辽阔的外国较易做到，如在澳大利亚，尾矿库一般建在荒无人烟的地方。而在我国，则很难做到。人口密集、可利用土地少是我国的特点。我国人口众多，尾矿库难以避开居民区和重要的工业、交通设施，一旦失事，损失巨大。在普查的尾矿库中，其中下游居民人数 100 人以上的 538 座，30~100 人的 210 座，30 人以下的 267 座，没有填写的 6904 座。下游建筑物 50 栋以上的 57 座，15~50 栋的 215 座，15 栋以下的 514 座，没有填写的 6923 座。如本钢南芬铁矿位于沈丹铁路和公路交通要道，坝下城镇居民稠密。位于云南的牛坝荒尾矿库，库容 3000 多万立方米，处于个旧市的头顶之上，垂直落差 250m，虎视眈眈，时刻威胁下游 10 多万人民的安全。2008 年山西襄汾"9·8"重大尾矿库溃坝事故更是造成了 277 人死亡，1047 人受灾的严重后果，直接经济损失达981.9 万元，是我国目前发生的损失最为惨重的尾矿库事故。

9.10　尾矿库事故防治措施和安全管理建议

尾矿库事故防治措施和安全管理建议包括：

（1）调整产业结构。通过调整产业结构、淘汰落后，实现规模经济和产业升级换代，提高企业整体素质来解决粗放型经济增长方式导致安全投入严重不足等问题。

（2）减少尾矿产量，提高回收利用率。我国尾矿累积堆存量超过 200 亿吨，占地约 100 万亩，并且尾矿年排放量超 15 亿吨并仍呈增长态势，在大宗工业固体废弃物排放量中占比最高，达 30.7%[79,80]。而用于空区充填、建筑材料等尾矿的综合回收利用率仅 18.9%，尾矿回收综合利用未来将大有所为。并且尾矿充填采矿在地下深部开采中能够有效化解采空区安全稳定性难题，当前安全环保标准要求下，国内外地下矿山开采中充填采矿工艺应用的比例越来越高，并且随着充填技术的革新、充填工艺成本降低，尾矿高浓度自流输送、细粒尾矿膏体充填等新技术进一步提升了尾矿的回收利用率。同时合理回收运用尾矿材料作为公路、建筑、陶瓷等基本原料，"变废为宝"提升尾矿综合利用率，降低尾矿排放量，将是从源头上消除尾矿库溃坝灾害的解决途径。

此外，我国尾矿堆存量高，按照计划回采重选当前技术条件下具有经济价值的尾矿，从而降低尾矿库容量，将对高危险性尾矿库消除及资源高效利用意义重大。

（3）设计阶段精心认真。设计是尾矿库安全、经济运行的基础，因此，在设计过程中应做到坚持做好设计程序。切实做好基础资料的收集工作。鉴于尾矿库设计的特殊性，设计阶段一定要精心认真。

1）尾矿库设计前要认真勘查。通过大量尾矿库事故案例的总结，一些尾矿工程出事故的原因，多数是在设计前，未做必要的库址、坝基勘察与工程实验，用一般的经验数据作为重要的计算参数，与实际有出入，造成了潜在的尾矿库安全隐患。因此，在尾矿库设计之前必须认真进行勘查。

2）严格执行设计审查制度。按照相关规定，设计单位应切实履行自己的职责，把好设计审查关。负责设计审查的单位，事先要进行调查研究，了解和掌握情况，做好审查批准工作。

3）严格遵照尾矿库设计标准。设计标准，是国家的重要技术规范，是工程勘察、设计、施工、验收的重要依据，是开展工程技术管理的重要组成部分。尾矿库设计应按照国家相关标准进行。

（4）施工阶段严把质量关。施工是实现设计意图的保证，施工质量的好坏直接关系到国家财产和人民生命安全。对尾矿工程来说更是如此。为了确保工程质量，应做好以下几方面工作：1）认真会审施工图纸。施工单位接到施工图纸后，必须认真组织学习和详细会审，应认真领会设计意图和熟悉各项技术要求。经过会审并经设计单位修改的图纸，施工单位必须按图施工。2）施工单位要建立健全质量管理和保证体系。施工单位的质量管理，贯穿在工程建设全过程的每个阶段。它的主要任务是组织职工按照工程质量标准，完成建设任务。3）基础验收工作。应由建设单位组织勘察、设计、施工单位，或邀请有关专家和上级主管部门参加验收，对工程做出正式结论。4）竣工验收。竣工验收是建设项目建设过程的最后一个程序。它是全面检查考核基本建设工作，检查是否合乎设计要求和工程质量的重要环节。经过验收合格的工程才能正式投入使用。

（5）尾矿库管理要科学。尾矿库管理在尾矿库建设和运行过程中的重要性及其必要性，已越来越被人们所认识。在尾矿库管理工作中，应针对尾矿库自身特点进行科学管理。尾矿库在运行期间的任务十分艰巨。坝体结构要在运行期间形成；坝的稳定性在运行期间较低，需要认真地对待和治理。放矿、筑坝、防汛、防渗、防震、维护、修理检查、观测等各项工作都要在运行期间进行，必须有一套科学的管理制度，以及与之相适应的组织机构和人员。只有这样，才能弥补工程质量上的疏漏，才能在设计上未能预见到的不利因素，确保尾矿库安全运行。

（6）加大政府监管力度。1）落实各级政府的领导责任。各级政府应对辖区尾矿库安全监管工作负直接领导责任。2）落实各级安监部门的管理责任。各级安监部门应对尾矿库的安全负直接监管责任，要严格按照各级监督管理责任制的要求，对辖区内尾矿库逐一明确安全监管责任人，依法落实安全监管责任，按照尾矿库安全监管要求，切实加强日常监督管理。3）落实各企业对尾矿库安全的主体责任，企业的法定代表人是尾矿库安全生产的第一责任人。

（7）建立健全尾矿库安全管理制度。生产经营单位要建立健全尾矿库安全生产责任制，制定完备的安全生产规章制度和操作规程，实施规范管理；要保证尾矿库具备安全生产条件所必需的资金投入；新建、改建、扩建尾矿库，必须严格履行"三同时"手续，确保安全设施到位，消除安全事故隐患；凡有尾矿库的矿山企业，必须配备相应的安全管理人员和专业技术人员，对尾矿库实行动态管理，并逐月向安监部门上报坝高和堆积坝坡比，及时掌握安全生产动态；要针对垮坝、漫顶等安全事故和重大险情制定应急救援预案，并进行预案演练；要建立尾矿库工程档案，特别是隐患工程档案，并长期保管，以备查核。

（8）切实加强尾矿库安全监督检查。1）严格市场准入制度。各级有关部门要坚持标准，依法行政，严格按照规定程序，依法严格审查尾矿库的安全生产条件，严格落实尾矿库安全许可制度，坚决关闭不符合安全生产条件的尾矿库，从源头上遏制重特大事故的发生。2）依法加强安全评估。尾矿库安全评价应每三年至少一次，安全评价包括现场调查、收集资料、危险因素识别、相关安全性验算和编写安全评价报告。3）加强安全监督检查。尾矿库安全检查工作应每季度至少进行一次，主要检查尾矿库监管责任的落实情况、企业尾矿库安全管理制度的落实情况、尾矿库的安全保障措施落实情况以及存在的主要安全隐患的排查、整治情况。

（9）严肃尾矿库事故调查处理。对于已发生的事故，相关安全监管部门应严格按照"四不放过"的原则，查明事故原因，依法严肃追究有关人员的责任，督促企业认真落实整改措施。对于多次发生事故，或拒不落实整改措施造成事故的，应加大处罚力度。对于事故所暴露出来的普遍性、倾向性问题，有关安全监管部门应举一反三，采取针对性措施，防范同类事故的重复发生。

（10）加强尾矿库安全监测。由于尾矿库的特殊性和负责性，为确保其安全运行，必须通过定期或不定期的安全检查对其运行状态进行监测。尾矿库的日常安全检查一般由基层管理机构负责。重要的检查如汛期、暴雨后、地震后等均由企业安全管理部门负责组织，并与基层共同进行。尾矿库排水构筑物和尾矿库库区的安全检查应严格按照《尾矿库安全管理规定》进行。

（11）加强安全评价和环境评价。目前尾矿库安全评价是一项十分突出的薄弱环节，尤其现状安全评价由于缺少必要的专业人员，又在利益驱使下，淡化了责任感，致使提交的评价报告一般化、格式化，缺少对现状尾矿库坝体稳定性和防洪能力可靠性进行必要的定量分析，不能对尾矿库的安全现状作出可靠的判断，对存在的安全隐患辨识不清，提出的对策措施针对性不强。尾矿库安全现状评价是政府安监部门对企业颁发安全生产许可证的主要依据，若评价结论可靠性不足，则必将给安监部门带来很大困难。因此，建议推广一些地区的经验，对从事尾矿库专项安全评价的中介机构进行一次考核整顿，对确定不具备尾矿库评价能力的应取消其尾矿库评价资质。

从安全意义上说，尾矿库必须满足两项最基本要求，一是尾矿坝坝体稳定性，二是尾矿库防洪能力和排洪设施可靠性。这两项基本要求本应在尾矿安全现状评价报告中进行分析和总结的，但鉴于目前全国尾矿库有半数以上仍未进行安全评价，已进行过安全评价的也有较多数量未满足定量分析要求，因此，建议投产以来从未进行过尾矿坝稳性分析和尾矿库防洪能力验算的尾矿库，应限期在汛前补做。

（12）复核安全生产许可证和排污许可证。对于没有取得安全生产许可证的企业，在坚持严格颁证的前提下，加快颁证进度，同时，安全生产监管部门应对已颁发安全生产许可证的尾矿库进行一次复核，凡未经坝体稳定性分析和尾矿库防洪能力验算或虽经验算但仍不具备安全生产基本条件的尾矿库，应暂扣其安全生产许可证，待经验算确具备安全生产条件后再发还。

（13）加强宣传培训、提高管理人员和从业人员素质。近些年受经济形势影响，矿山企业安全管理人才流失严重，部分运营及政府安全生产监管人员缺乏专业基础知识与实践操作经验，对尾矿库的基本概念掌握不清，对于尾矿库安全未引起足够重视，灾害应急反应与自救互救能力还需提高。目前公众对于尾矿库基本构成、潜在危害及灾害应急等基础知识的了解普遍存在偏差，并且缺乏学习认知途径。需进一步加强尾矿库尤其是"头顶库"全体职工及涉灾群体的安全培训与教育，借助宣传专栏、移动终端媒体、集中培训等通俗易懂的形式向公众宣传普及尾矿库基本知识，帮助公众正确认知尾矿库及其潜在危险性，提高谣言与伪科学的辨别能力，在思想上提高其重视程度，提高尾矿库生产管理人员管理水平和政府安全生产监管人员监管能力，从而保证灾害应急演练实际效果，发动群众参与安全生产监督。

（14）提高尾矿库技术水平。技术落后是尾矿库不能安全运行的重要原因之一，矿山现场调研显示不少尾矿库安全监测系统稳定性差、维护难度高，仍然主要依靠人工监测手段，监测装备的长期有效性与精确度有待进一步提升。

尾矿技术是一种综合性的技术，也是新发展起来的边缘学科，无论就其基础理论还是实用技术来说，都还处于开始发展的阶段，人们对尾矿工程认识还很不系统，更难以深入。因此必须加强科学研究，从基础理论到实用技术上都要深入开展工作，研究新理论和新工艺，开发新材料、研制新的设备和仪器，依靠科技进步，提高建库和管理水平，加速隐患治理，并逐步建立起有效的、先进的监测、预报系统和应急事故对策系统，避免事故的发生。

（15）尾矿堆存新工艺的改进与推广实施。传统湿式堆存工艺存在安全稳定性低、污染大等许多弊端，与当前尾矿库严峻安全形势的形成具有一定程度的关联。近些年来随着尾矿堆存新工艺持续改进与相关设备工作性能的更新发展，新型堆存工艺在国内外逐渐得到推广应用，取得了良好的安全与环保效果。如尾矿浓密膏体排放、压滤干式排放、固结排放[81]、细粒尾矿模袋法筑坝[82]等新方法被认为具有更高的稳定性、抗震性，为尾矿安全堆存这一世界性难题提供了新的解决方案。

（16）正视事故原因，积极总结教训。事故调查工作的最根本目的在于总结吸取教训，并防止同类事故再次发生，而责任追究只是实现该目的的手段之一。过度强调责任追究势必忽视教训总结，并且导致事故发生时部分涉事人员为逃避惩罚，刻意瞒报谎报事故真相，互相推脱责任，造成更加严重的后果，这也是重大事故频频发生的主要原因之一。因此，事故调查报告不应将大篇幅用在责任划分与人员处分上，而对于事故原因轻描淡写。深入挖掘、独立调查、科学论证事故发生真实原因，多角度客观还原灾害演化过程及后果，将为事故预防、隐患治理、应急措施改进及相关科学研究等提供一手资料，对于"依法治安、科技强安"，推进安全生产基础保障能力建设、政府形象与公信力提升具有重要意义。此外，小型事故或未遂事故同样需要引起安全管理人员重视，及时发现事故隐患并采取合理措施，将有效防止酿成更大事故。

9.11　本章小结

本章介绍了有关尾矿坝安全评价与管理方面的知识，归纳整理了国内尾矿库事故资料，描述了目前我国尾矿库的安全现状和造成溃坝事故的主要原因及溃决路径，从中找出了尾矿库安全管理中存在的主要问题，并为防止尾矿库事故的发生提出了相应的对策措施和管理建议，对于提高尾矿库安全管理水平，减少和防止尾矿库溃坝事故的发生具有一定实际意义。

10　结论与展望

<<<<<<<<<<<<<<<<<<<<<<<<<<<<<<<<<<<<<<<<<<<<<<<<<<<<<<<<<<<<<

10.1　结论

通过室内试验、数值模拟和理论计算，获得了以大红山龙都尾矿库为工程背景的混合式堆坝坝体稳定性结果。主要的结论有：

（1）利用改造的土工试验仪器，针对不同中值粒径、含水量和干密度对非饱和尾矿的抗剪强度指标的影响进行了试验测试，结果表明：随着尾矿颗粒中值粒径的增大，非饱和尾矿的内聚力会降低，而内摩擦角会增大；含水量为12%~18%时，非饱和尾矿内聚力随着含水量的增加而增大，含水量为18%~21%时，内聚力随含水量的增加而降低，而内摩擦角总是随着含水量的增加略有降低；非饱和尾矿的内聚力和内摩擦角随着密度的增加呈线性递增。

（2）利用ANSYS数值分析软件，就大红山龙都尾矿库两种堆坝方式下的坝体地下渗流场的分布规律进行了模拟计算，结果显示，单一上游法与混合式堆坝坝体渗流场的差异较大。尤其是浸润线的位置，靠近坝底部位两者基本相似，但在靠近坝顶部位，两者差距很大，混合式堆坝的浸润线位置明显深于上游法堆坝，更利于坝体的稳定。因此，从坝体渗流场的分布规律可以看出，混合式堆坝要优于单一上游法。

（3）研究了单一上游法堆积尾矿坝与混合式堆积尾矿坝的坝体地应力场的分布规律。结果显示，大红山龙都尾矿库混合式堆坝达到+700m标高（180m）时，坝顶水平方向的变形位移不大，最大约为0.92m，垂直方向的变形位移较大，最高点（即坝顶处）最大达到3.63m左右，单位坝高沉降量为2.02%；最大垂直地应力为-2.17MPa，最大水平地应力为-0.916MPa。

（4）采用Slide软件，通过极限平衡法中的静力和动力（拟静力法）稳定性计算，获得了大红山龙都尾矿库现状情况下坝体稳定性的定量数据，预测了未来混合式堆坝坝体稳定性的结果。

1）采用单一上游法堆积尾矿坝达到+620.0m标高下（现状情况），尾矿坝的抗滑稳定系数分别为：正常运行情况下，瑞典法为2.071、简化毕肖普法为2.127；洪水运行情况下，瑞典法为1.673、简化毕肖普法为1.695；特殊运行情况下，瑞典法为1.282、简化毕肖普法为1.308，均满足规范要求，尾矿坝处于稳定状态。结果与现场的实际情况相吻合。

2）按照设计的混合式堆坝达到+700.0m标高（坝高180m）时，尾矿坝的抗滑稳定系数分别为：正常运行情况下，瑞典法为1.277、简化毕肖普法为1.422；洪水运行情况下，瑞典法为1.259、简化毕肖普法为1.406；特殊运行情况下，瑞典法为1.065、简化毕肖普法为1.174，均满足规范要求。但在特殊工况下，稳定系数略高于规范值，富裕程度不大，因此，应该加强坝体地下水位（浸润线）的控制，尽可能降低地下水位。

3）按照1：3.0的临时外坡比，针对混合式堆坝过程中的+640m、+660m、+680m标高的尾矿坝的稳定进行了计算分析。结果显示，坝体稳定系数均大于规范要求值，属于安全状态。因此，在混合式的堆筑过程中，要严格按照设计要求的1：4.0的坝外坡等技术参数进行坝体的堆筑，以免堆积过程中出现陡坡，从而引起坝体发生局部坍塌等不良现象。

4）如果采用两种方法堆积到同样的高度（+700m），则混合式堆积坝的稳定系数明显高于单一上游法的，从安全的角度分析，混合式要优于单一上游法。

5）另外，混合式堆坝沿坝轴线单位宽度增加的库容为$3.3 \times 10^4 m^3/m$。因此，从库容增加的角度对比，混合式比单一上游法优越。

（5）梳理总结了我国尾矿库灾害防控存在的问题，并提出改进具体建议。

尾矿库安全监管，不仅应对尾矿库建设时期的勘察、设计、安全评价、施工、监理及竣工验收等环节进行安全控制，避免尾矿库"先天不足"，而且应对尾矿库运行期间和尾矿库停用闭库及闭库后再利用进行安全控制，同时应从典型事故实例中汲取有益的教训，只有这样，才能及时消除尾矿库事故隐患，减少和防止尾矿库事故的发生，确保尾矿库安全运行。

10.2　展望

通过稳定性计算与分析，获得了大红山龙都尾矿库尾矿坝当前和未来混合式堆坝坝体的稳定性结果，这可为工程设计和矿山生产安全管理所利用。由于尾矿库工程是一个复杂的系统工程，仍然有一些问题还有待进一步研究与探讨，主要包括：

（1）尽管采用数值模拟的方法获得了混合式堆坝坝体渗流场的分布规律，但没有其他资料，比如现场监测资料进行佐证。因此，在条件许可的情况，可以考虑采用堆坝试验来进一步研究混合式堆坝坝体渗流场的分布规律，或直接实施现场的监测。

（2）尽管从稳定性和库容增加上对单一上游法和混合式堆坝进行了研究分析，但未涉及两种方法的运行成本。因此，为了全面比较两种方法的优劣，还需要从经济上做比较，实施全面的技术经济对比，这样获得的结果更实用。

参 考 文 献

[1] 尹光志，魏作安，许江. 细粒尾矿及其堆坝稳定性 [M]. 重庆：重庆大学出版社，2004.

[2] 梁雅丽. 10·18 南丹尾矿坝大坍塌 [J]. 沿海环境，2000，12：7.

[3] 沈楼燕，魏作安. 探讨矿山尾矿库闭库中的一些问题 [J]. 金属矿山，2002，(6)：47~48.

[4] 敬小非. 尾矿坝溃决泥沙流动特性及灾害防护研究 [D]. 重庆：重庆大学，2011.

[5] Shamsai Abolfazl, Pk Ali, Bateni S. mohyeddin, et al. Geotechnical characteristics of copper mine tailings：A case study [J]. Geotechnical and Geological Engineering，2007，25 (3)：591~602.

[6] 张建隆. 尾矿砂力学特性的试验研究 [J]. 武汉水利水电大学学报，1995，28 (6)：685~689.

[7] 保华富，张光科，龚涛. 尾矿料的物理力学性试验研究 [J]. 四川联合大学学报（工程科学版），1999，3 (5)：115~121.

[8] 王崇淦，张家生. 某尾矿料的物理力学性质试验研究 [J]. 矿冶工程，2005，25 (2)：19~22.

[9] 徐进，张家生，李永丰. 某尾矿填料的土工试验研究 [J]. 重庆建筑施工与技术，2006，(10)：49~52.

[10] 阮元成，郭新. 饱和尾矿料静、动强度特性的试验研究 [J]. 水利学报，2004 (1)：67~73.

[11] 辛鸿博，王余庆. 大石河尾矿粘性土的动力变形和强度特征 [J]. 水利学报，1995 (9)：38~42.

[12] 谢孔金，王霞，王磊. 尾矿坝坝体沉积尾矿的动力变形特性 [J]. 岩土工程，2004，8 (2)：45~47.

[13] 陈敬松，张家生，孙希望. 饱和尾矿砂动强度特性试验研究 [J]. 山西建筑，2005，31 (19)：75~76.

[14]《中国有色金属尾矿库概论》编辑委员会. 中国有色金属尾矿库概论 [R]. 中国有色金属工业总公司，1992.

[15] 中华人民共和国行业标准. 选矿厂尾矿设施设计规范 [S]. 北京：中国标准出版社，1991.

[16] 雷阿林，唐克丽. 土壤侵蚀模型试验的原型选定问题 [J]. 水土保持学报，1995，9 (3)：60~65.

[17] 尹光志，余果，张东明，等. 细粒尾矿堆积坝物理模型试验研究 [J]. 矿业安全与环保，2005，32 (5)：4~5.

[18] 李惠谦. 尾矿库堆坝试验研究及稳定性分析 [D]. 重庆：重庆大学，2008.

[19] Yin Guangzhi, Li Guangzhi, Wei Zuoan, et al. Stability analysis of a copper tailings dam via laboratory model tests：A Chinese case study [J]. Minerals engineering，2011，24 (2)：122~130.

[20] Tan D, Sarma S K. Finite element verification of an enhanced limit equilibrium method for slope analysis [J]. Geotechnique，2008，58 (6)：481~487.

［21］ Arief S，Adisoma G，Arif I. Fast and efficient procedures for stability analysis using generalized limit equilibrium method ［J］. Proceedings of the International Symposium APCOM，1998：123~129.

［22］ 张电吉，汤平. 尾矿库土石坝稳定性分析研究 ［J］. 大坝与安全，2003（3）：18~20.

［23］ Enoki Meiketsu，Yagi Norio，Yatabe Ryuichi，et al. Relation of limit equilibrium method to limit analysis method ［J］. Soils and Foundations，1991，31（4）：37~47.

［24］ Nemirovskii Y V，Nalimov A V. A method for solving problems on the limit equilibrium of reinforced shells of revolution ［J］. Mechanics of Composite Materials，2008，44（5）：427~440.

［25］ 楼建东，李庆耀，陈宝. 某尾矿坝数值模拟与稳定性分析 ［J］. 湖南科技大学学报，2005，20（2）：58~61.

［26］ 尹光志，余果，张东明. 细粒尾矿库地下渗流场的数值模拟分析 ［J］. 重庆大学学报，2005，28（6）：81~83.

［27］ 柳厚祥，裘家葵. 变分法在尾矿坝稳定性分析中的应用研究 ［J］. 工程设计与建设，2003，35（1）：19~23.

［28］ 张超，杨春和，徐卫亚. 某铜矿尾矿砂力学特性研究和稳定性分析 ［J］. 岩土力学，2003，24（5）：858~862.

［29］ 李国政，李培良，徐宏达. 基于结构可靠度指标的尾矿库坝体稳定性分析 ［J］. 黄金，2005，26（6）：48~50.

［30］ 王凤江. 加筋尾矿坝的极限平衡分析 ［J］. 西部探矿工程，2003（2）：84~85.

［31］ 谢振华，陈庆. 尾矿坝监测数据分析的 RBF 神经网络方法 ［J］. 金属矿山，2006（10）：69~71.

［32］ 王进学，曹作忠. 神经网络预测尾矿沉积规律的方法 ［J］. 金属矿山，2003（7）：9~12.

［33］ 朱训. 中国矿情（第一卷　总论 能源矿产）［M］. 北京：科学出版社，1999.

［34］ 解世俊. 金属矿床地下开采 ［M］. 北京：冶金工业出版社，1986.

［35］ 胡岳华，冯其明. 矿物资源加工技术与设备 ［M］. 北京：科学出版社，2006.

［36］ 冯国栋. 土力学 ［M］. 北京：水利工业出版社，1985.

［37］（日）松冈元. 土力学 ［M］. 罗汀，姚仰平，译. 北京：中国水利水电出版社，2001.

［38］ 中华人民共和国住房和城乡建设部. 选矿厂尾矿设施设计规范（ZBJ1—1990）［S］. 北京：中国计划出版社，1991.

［39］ Ghose M K，Sen P K. Investigation of soil engineering properties for safe design and construction of the iron ore tailings dam ［J］. Indian Journal of Engineering & materials Sciences，2001（8）：318~326.

［40］ 冶金部长沙矿山研究院. 充填采矿法 ［M］. 北京：冶金工业出版社，1978.

［41］ Ali Pak Abolfazl Shamsai，Bateni S Mohyeddin，Ayatollahi S Amir Hossein. Geotechnical characteristics of copper mine tailings：A case study ［J］. Geotechnical and Geological Engineering，2007，25：591~602.

［42］《尾矿设施设计参考资料》编写组. 尾矿设施设计参考资料 ［M］. 北京：冶金工业出版社，1980.

［43］ 冶金工业部长春黄金设计院. 尾矿工程［M］. 北京：冶金工业出版社，1986.

［44］ Kwak M，James D F，Klein K A. Flow behavior of tailings paste for surface disposal［J］. International Journal of Mineral Processin，2005，77（3）：139~153.

［45］ Dillon M，White R，Power D. Tailings storage at Lisheen Mine，Ireland［J］. Mineral Engineering，2004（17）：123~130.

［46］ 昆明有色冶金设计研究院. 大红山龙都尾矿库中期中线法堆坝工艺可行性研究（K5274SQ1）［R］. 2009.

［47］ Lo Robert C，Klohn Earle J，Finn W D L. Stability of hydraulic sandfill tailings dams［J］. Geotechnical Special Publication，1988，21：549~572.

［48］ 中华人民共和国住房和城乡建设部. 尾矿设施设计规范（GB 50863—2013）［S］. 北京：中国计划出版社，2013.

［49］ 余君，王崇淦. 尾矿的物理力学性质［J］. 企业技术开发，2005，24（4）：3~4.

［50］ 王雪平. 某尾矿的物理力学性能研究［J］. 山西建筑，2008，34（20）：93~94.

［51］ 魏作安，尹光志，沈楼燕，等. 探讨尾矿库设计领域中存在的问题［J］. 有色金属（矿山部分），2002，（4）：44~45.

［52］ Rico M，Benito G，Salgueiro A R，et al. Reported tailings dam failures：A review of the european incidents in the worldwide context［J］. Journal of Hazardous Materials，2008，152（2）：846~852.

［53］ Harder L F J，Stewart J P. Failure of Tapo Canyon tailings dam［J］. Journal of Performance of Constructed Facilities，1996，10（3）：109~114.

［54］ Fourie A B，Blight G E，Papageorgiou G. Static liquefaction as apossible explanation for the Merriespruit tailings dam Failure［J］. Canadian Geotechnical Journal，2001，37（4）：707~719.

［55］ Mc Dermott R K，Sibley J M. Aznalcollar tailings dam accident a case study［J］. Mineral Resources Engineering，2000，9（1）：101~118.

［56］ 尹光志，杨作亚，魏作安，等. 羊拉铜矿尾矿料的物理力学性质［J］. 重庆大学学报（自然科学版），2007，30（9）：117~122.

［57］ 王凤江，张作维. 尾矿砂的堆存特征及其抗剪强度特性［J］. 岩土工程技术，2003（4）：209~212.

［58］ María T Zandarín，Luciano A Oldecop，Roberto Rodríguez，et al. The role of capillary water in the stability of tailing dams［J］. Engineering Geology，2009，105（1~2）：108~118.

［59］ Rico M，Benito G，D′lez-Herrero A. Floods from tailings dam failures［J］. Journal of Hazardous Materials，2008，154（1~3）：9~87.

［60］ 袁聚云. 土工试验与原理［M］. 上海：同济大学出版社，2003.

［61］ 凌华，殷宗泽. 非饱和土强度随含水量的变化［J］. 岩石力学与工程学报，2007，26（7）：1499~1503.

［62］ Rahardjo H. The study of undrained and drained behavior of unsaturated soils［D］. Saskatchewan，Canada：University of Saskatchewan，1990：259~269.

［63］ Fredlund D G，Morgenstern N R，Widger R A. The shear strength of unsaturated soils［J］. Canadian Geotechnical Journal, 1978, 15 (3): 313~321.

[64] 马少坤, 黄茂松, 范秋雁. 基于饱和土总应力强度指标的非饱和土强度理论及其应用 [J]. 岩石力学与工程学报, 2009, 28 (3): 635~640.

[65] 沈楼燕. 香根草在尾矿库闭库工程中的应用评述 [J]. 有色冶金设计与研究, 2001, 22 (3): 58~60.

[66] Chandler R. J., Tosatti G. The Stava tailings dams failure, Italy, July 1985 [J]. Geotechnical Engineering, 1995, 113 (2): 67~79.

[67] 魏作安, 陈宇龙, 李广治. 中线法尾矿坝地下渗流场的数值模拟 [J]. 重庆大学学报, 2012, 35 (7): 89~93.

[68] Vick S G. Tailings dam failure at Omai in Guyana [J]. Mining Engineering, 1996, 48 (11): 34~37.

[69] 周信金, 吴小平. 尾矿库管理实际 [J]. 湖南有色金属, 2001, 17 (1): 55~56.

[70] 祝玉学, 戚国庆, 鲁兆明, 等. 尾矿库工程分析与管理 [M]. 北京: 冶金工业出版社, 1999.

[71] 苑莲菊. 工程渗流力学及应用 [M]. 北京: 中国建材工业出版社, 2001.

[72] Yang Huang H. Stability analysis of earth slopes [M]. Van Nostrand Reinhold Company, 1983.

[73] Rocscience. Slide, Scientific Software-2D limit equilibrium slope stability for soil and rock slopes [Z]. Rocscience Inc., Canada, 2007.

[74] 沈斐敏. 安全系统工程理论与应用 [M]. 北京: 煤炭工业出版社, 2001.

[75] 张景林, 崔国璋. 安全系统工程 [M]. 北京: 煤炭工业出版社, 2002.

[76] 国家安全生产监督管理局编. 安全评价 [M]. 北京: 煤炭工业出版社, 2002.

[77] 安全监管总局监督管理一司. 国家安全监管总局关于印发《遏制尾矿库"头顶库"重特大事故工作方案》的通知 [EB/OL]. (2016-05-26) [2017-10-01]. http: //www. chinasafety. gov. cn/newpage/Contents/Channel_6288/2016/0526/269917/content 269917. htm.

[78] 谢旭阳, 田文旗, 王云海, 等. 我国尾矿库安全现状分析及管理对策研究 [J]. 中国安全生产科学技术, 2009, 5 (2): 5~9.

[79] 王海军, 薛亚洲, 雷喜平, 等. 全国矿产资源节约与综合利用报告 (2016) [M]. 北京: 地质出版社, 2016.

[80] 中华人民共和国环境保护部. 2016 年全国大、中城市固体废物污染环境防治年报 [R]. 北京: 中华人民共和国环境保护部, 2016.

[81] 侯运炳, 魏书祥, 王炳文. 尾砂固结排放技术 [M]. 北京: 冶金工业出版社, 2016.

[82] 周汉民. 基于模袋法堆坝的尾矿坝稳定性研究 [D]. 北京: 北京科技大学, 2017.